普通高等院校计算机基础教育系列教材

C/C++程序设计综合实践教程

主　编　张东阳　孟力军

北京理工大学出版社
BEIJING INSTITUTE OF TECHNOLOGY PRESS

内 容 简 介

本书以培养学生程序设计能力为目标，以项目设计为主线，以 Dev-C++为开发平台，把理论教学与实践教学有机地结合起来，使学生较好地掌握大学程序设计类课程高效的学习方法，实现由高中向大学的顺利过渡，使教师切实提高课程教学质量，快速培养更多的高质量应用型人才。

本书共 12 章，主要内容包括计算机程序设计概述、C/C++开发工具 Dev-C++的使用、C/C++程序设计基础、顺序结构及其应用程序设计、选择结构及其应用程序设计、循环结构及其应用程序设计、数组及其应用程序设计、函数及其应用程序设计、结构体及其应用程序设计、链表及其应用程序设计、文件及其应用程序设计、编译预处理与源程序在线测评系统等。本书提供配套电子课件和程序代码等。

本书可作为普通高等院校本科计算机类、信息类，以及其他专业开设的 C 语言程序设计及其相关课程的教材或参考书，也可作为初学者学习 C/C++程序设计的入门教材，尤其可作为参加信息学竞赛的中小学生学习 C/C++程序设计的快速入门教材，还可供有关工程技术人员参考。

图书在版编目（CIP）数据

C/C++程序设计综合实践教程 / 张东阳，孟力军主编. --北京：北京理工大学出版社，2022. 11（2022. 12 重印）

ISBN 978-7-5763-1820-3

Ⅰ. ①C… Ⅱ. ①张… ②孟… Ⅲ. ①C 语言-程序设计-教材 ②C++语言-程序设计-教材 Ⅳ. ①TP312. 8

中国版本图书馆 CIP 数据核字（2022）第 208202 号

出版发行 / 北京理工大学出版社有限责任公司
社　　址 / 北京市海淀区中关村南大街 5 号
邮　　编 / 100081
电　　话 / (010) 68914775（总编室）
　　　　　(010) 82562903（教材售后服务热线）
　　　　　(010) 68944723（其他图书服务热线）
网　　址 / http: //www. bitpress. com. cn
经　　销 / 全国各地新华书店
印　　刷 / 唐山富达印务有限公司
开　　本 / 787 毫米×1092 毫米　1/16
印　　张 / 13. 25
字　　数 / 311 千字
版　　次 / 2022 年 11 月第 1 版　2022 年 12 月第 2 次印刷
定　　价 / 42. 00 元

责任编辑 / 李　薇
文案编辑 / 李　硕
责任校对 / 刘亚男
责任印制 / 李志强

前　言

高质量应用型人才培养是困扰高校教师多年的一个难题。如何对学生进行能力培养和价值塑造，切实提高学生的设计能力、实践能力、创新创业能力及其他相关能力，引领学生健康成长，快速培养大批高质量应用型人才，是摆在每个高等教育工作者案头的重大课题。

初高中阶段主要是知识的学习，教师、家长和学生的目标完全一致，都在为考上一个理想的大学全力以赴。由于时间有限，为了提升学生的创新和创造能力，只是在课程教学中增加一些实践（或实验）类教学项目，这对提升学生的实践能力和创新能力是完全不够的。为了适应信息技术的飞速发展，大幅提升学生的创新和创造能力，快速培养大批高质量的信息学人才，信息学竞赛应运而生，并成为培养和选拔信息学优秀人才的主要途径，这种人才选拔方式受到了初高中学生及其家长的普遍欢迎。

在大学阶段，除了知识的学习之外，主要是能力的培养和价值的塑造。虽然每一个专业的每一门课程都制订了较为详尽的能力培养目标，但在实施过程中大部分课程仍然只是通过一些实践（或实验）类教学项目提升学生的实践能力，这对学生的能力培养和价值塑造显然是不够的，也很难快速培养大批高质量应用型人才。为此，我们经过十多年深入的研究、探索、创新与实践，成功创建了一种切实可行、行之有效、便于大规模推广应用的基于能力培养和价值塑造的高质量应用型人才培养模式，即能力驱动人才培养模式，它较好地解决了高等教育多年来存在的本科课程教学质量问题和人才培养质量问题，让学生在理论联系实际上得到质的飞跃，迸发出强大的发展动能，较好地实现能力培养与价值塑造并举的人才培养目标，可快速培养大批高质量应用型人才。

在能力培养和价值塑造的高质量应用型人才培养模式的基础上，我们编写了《C/C++程序设计综合实践教程》，使学生快速掌握 C/C++程序，习得高效的大学课程学习方法，大幅提升设计和实践能力，实现由高中到大学的顺利过渡，奠定其他课程的学习基础。本书的主要特点如下。

（1）以解决问题为核心，为学生提供一种高效解决问题的思路和方法。

（2）以能力培养为目标，让学生在学习的过程中，有目标，有思路，有方法，有能力，有信心，有成果，有动力，有责任，有担当，从而达到事半功倍的效果。

（3）以算法设计为基础，对每一个问题都尽可能地提出较为详尽的算法分析和算法设计的思路和方法，使学生较好地掌握算法的分析和设计。

（4）以工具先行为手段，通过一个简单的程序，使学生能快速掌握 C/C++程序设计工具的使用方法，把枯燥的语言学习变为具有一定挑战性的编程项目，增强学生的学习信心，激发其学习兴趣，增强其自豪感和成就感。

（5）以程序设计为主线，通过几十个项目的练习，在反反复复的设计过程中，学生可以快速掌握 C/C++程序设计的思路和方法。

（6）课外练习以设计性作业为主，在课程教学实例的基础上，合理地设计一系列综合性的课外设计作业，进一步提高学生单片机应用系统的设计能力，激发其学习兴趣，培养其爱好，提高其自信心和成就感，让学生在反反复复的设计过程中进一步掌握 C/C++程序设计的思路和方法。

（7）以信息学竞赛为目标实现场景，为学生提供一个虚拟的、可大显身手的实践舞台。

（8）理论与实践相结合，通过几十个项目的算法分析和程序设计，学生得以在较短的时间内，快速掌握 C/C++程序设计，大幅提升分析问题和解决问题的能力，大幅提升编程能力和创新能力，快速实现由高中到大学的顺利过渡，为以后的学习奠定坚实的基础。

本书共 12 章，以高质量应用型人才培养为目标，把理论教学、实践教学、课程设计等有机地结合在一起，教学参考学时为 32～64 学时，有关章节内容可根据教学计划要求和学时情况酌情调整。

本书由沈阳理工大学张东阳、孟力军担任主编，其中第 4、5、6、7、8、9、10、11 章由张东阳编写，第 1、2、3、12 章由孟力军编写。在本书的编写过程中，清华大学、北京大学、北京师范大学、北京邮电大学、北京理工大学、中山大学、哈尔滨工业大学、吉林大学、大连理工大学、天津大学、香港大学、香港科技大学、香港城市大学、澳门大学、剑桥大学、帝国理工学院、华威大学、斯坦福大学、哥伦比亚大学等一些国内外高校的学生先后提出了许多有利于初学者学习和使用的意见和建议，在此也向他们表示衷心的感谢。

在本书的编写过程中，除了参考文献所列出的书籍和资料外，还参阅了其他书籍和网上资料，在此向所有作者表示衷心的感谢。

在本书的编写过程中，北京理工大学出版社的各位编辑为本书的编著提供了许多宝贵的意见、建议和帮助，在此一并表示感谢。

由于编著者知识水平和经验有限，书中难免存在不足和疏漏之处，恳请广大读者斧正。作者联系 Email：dongyangz@ 163. com。

编　者

2022 年 10 月

目录

CONTENTS

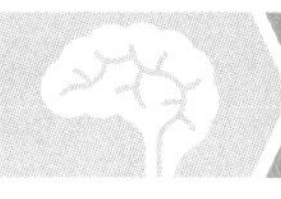

第1章　计算机程序设计概述

1.1　计算机系统组成

计算机(Computer)也称为电脑，是一种用于高速计算的电子仪器，既可以进行数值计算，又可以进行逻辑计算，还具有存储记忆功能，是能够按照程序运行，自动、高速处理海量数据的现代化智能电子设备。计算机由硬件系统和软件系统组成。没有安装任何软件的计算机称为裸机。计算机可分为超级计算机、工业控制计算机、网络计算机、个人计算机、嵌入式计算机等。较为先进的计算机有生物计算机、光子计算机、量子计算机等。

微型计算机简称“微型机”“微机”等，由于其具备人脑的某些功能，所以也称其为“微电脑”，是由大规模集成电路组成的、体积较小的电子计算机。典型的微型计算机包括控制器、运算器、存储器、输入设备、输出设备5个组成部分。如果把控制器与运算器封装在一小块芯片上，则称该芯片为微处理器(Micro Processing Unit，MPU)或中央处理器(Central Processing Unit，CPU)。如果将它与由大规模集成电路制成的存储器、输入/输出接口电路在印制电路板上用总线连接起来，那么就构成了微型计算机。其特点是体积小、灵活性好、价格便宜、使用方便。

计算机是20世纪最先进的科学技术发明，对人类的生产活动和社会活动产生了极其重要的影响，并以强大的生命力飞速发展。它的应用领域从最初的军事科研扩展到社会的各个领域，已形成了规模巨大的计算机产业，带动了全球范围的技术进步，由此引发了深刻的社会变革。目前，计算机已遍及学校、企事业单位，成为信息社会中必不可少的工具。

1.1.1　计算机硬件系统

当前计算机体系结构是由计算机的开拓者——数学家约翰·冯·诺依曼最先提出的，因此称为冯·诺依曼计算机体系结构。这种结构的硬件系统由5个部分组成，如图1.1所示，各部分的功能如下。

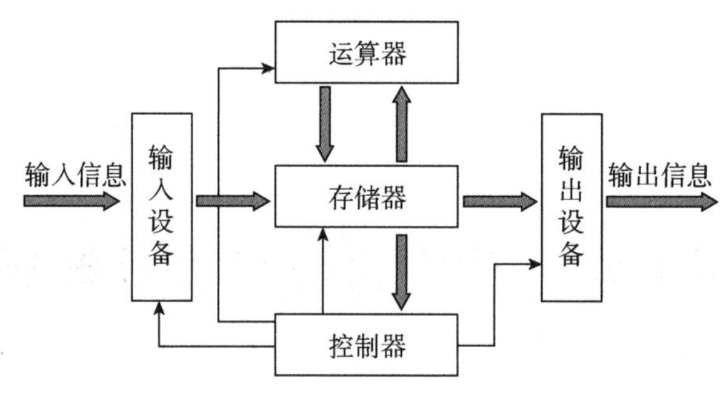

图 1.1　微型计算机的硬件系统

(1)控制器。控制器是计算机的控制中心，从存储器中读取指令并分析指令，根据指令要求完成相应操作。控制器产生一系列的控制指令，使计算机硬件系统各部分协调工作，完成程序和数据的输入、运算，并输出结果。

(2)运算器。运算器是中央处理器的执行单元，是所有中央处理器的核心组成部分。运算器在控制器的控制下接收运算数据，完成指令指定的二进制算术运算。

(3)存储器。存储器是可以被中央处理器直接访问而无须通过输入/输出设备的记忆设备。存储器用来保存程序和数据，以及存储运算时的数据和结果。

(4)输入设备。输入设备是用来完成输入功能的部件。通过输入设备可以向计算机输入程序、数据及各种信息。常用的输入设备有键盘、鼠标、扫描仪、磁盘驱动器和触摸屏等。

(5)输出设备。输出设备是用来将计算机的中间运行情况或运行后的结果进行表现的部件。常用的输出设备有显示器、打印机、绘图仪、磁盘驱动器和音响等。

根据冯·诺依曼计算机体系结构，计算机自动执行程序，即执行指令，可分为如下 4 个阶段。

(1)取指阶段：从存储器某地址处取出要执行的指令，送到中央处理器内部的指令寄存器中暂存。

(2)译码阶段：对保存在指令寄存器中的指令进行分析，翻译出该指令进行的操作。

(3)执行阶段：根据译码结果向各个部件发出相应控制信号，完成指令规定的操作。

(4)取下一条指令：为执行下一条指令做好准备，即产生下一条指令地址。

1.1.2　计算机软件系统

计算机软件系统是指挥计算机工作的程序和程序运行时所需要的数据，以及所需要的数据和文档的集合。计算机软件系统分为系统软件和应用软件两个部分。

(1)系统软件。系统软件是指计算机系统必备的基本软件，是管理、监控和维护计算机硬件和软件资源而开发应用的软件。其按功能可分为 5 类：操作系统(如 Windows、Linux 等)、语言处理程序(如汇编程序、编译程序等)、程序设计语言(如 C、C++、Java、Python 等)、系统支持和服务程序(如系统诊断程序、查杀病毒程序等)、数据库管理系统(如 Oracle、SQL Server 等)。

(2)应用软件。应用软件是由系统软件开发的，为解决计算机各类应用问题而编写的程序，具有较强的实用性。其按功能可分为两类：用户程序(如天气预报软件等)和应用软件包(如 Microsoft Office 套件等)。

1.2　程序设计语言

人与人之间的交流需要通过语言，如汉语、英语、俄语等。人与计算机之间通信，也需要语言，这种语言就是计算机语言(Computer Language)。计算机语言是人与计算机之间传递信息的媒介。

计算机语言也称为程序设计语言(Programming Language)，是一组用来定义计算机程序的语法规则。它是一种被标准化的交流技巧，用来向计算机发出指令。一种计算机语言让程序员能够准确地定义计算机所需要使用的数据，并精确地定义在不同情况下所应当采取的行动。

根据计算机程序设计语言的发展，计算机语言基本经历了3个阶段：很难理解的机器语言、较难理解的汇编语言、脱离机器的高级语言。其中高级语言的发展又经历了3个阶段：面向过程的设计语言、面向对象的设计语言、智能化语言。

1.2.1　机器语言

计算机的工作基于二进制，从根本上说，计算机只能识别由0和1组成的指令，即机器指令。

机器语言是用二进制代码表示的、计算机能直接识别和执行的一种机器指令的集合，是计算机唯一能够识别的程序设计语言。机器语言直接对计算机硬件产生作用，它是计算机的设计者通过计算机的硬件结构赋予计算机的操作功能。因此，不同类型的计算机采用的机器语言有可能是不同的。也就是说，不同的CPU具有不同的指令系统。

机器语言具有灵活、直接执行和速度快等特点。但是，机器语言也存在着程序难编写、难修改、难维护，需要用户直接对存储空间进行分配，没有通用性，编程效率极低等缺点，很难被人们掌握和推广。因此，通常只有极少数计算机专家或专业人员才能使用机器语言。

【例1.1】下面是某CPU利用机器语言计算 $a=a+b$ 的代码，其中 $a=1$，$b=2$。

```
#01:11100011 10100000 00000000 00000001
#02:11100011 10100000 00010000 00000010
#03:11100000 10000000 00000000 00000001
```

【代码解释】

```
#01:令 a=1。
#02:令 b=2。
#03:将 a 和 b 的值相加,并将结果存放在 a 中。
```

1.2.2 汇编语言(符号语言)

为了克服机器语言的上述缺点，人们创造出了符号语言，即用一些英文字母和数字表示一个指令，如 ADD 表示加、SUB 表示减等。例如：ADD A，B（执行 A+B→A）。

汇编语言(Assembly Language)是面向机器的程序设计语言，用指令助记符代替机器指令的操作码，用地址符号(Symbol)或标号(Label)代替指令或操作数的地址。像这样符号化的程序设计语言就是汇编语言，也称为符号语言。

使用汇编语言编写的程序，机器不能直接识别，还要由汇编程序或者汇编语言编译器转换成机器指令。汇编程序将符号化的操作代码组装成机器可以识别的机器指令，这个组装的过程称为组合或者汇编。因此，有时候人们也把汇编语言称为组合语言。

【例 1.2】下面是某 CPU 利用汇编语言计算 $a=a+b$ 的代码，其中 $a=1$，$b=2$。

```
#01:MOV R0,#1
#02:MOV R1,#2
#03:ADD R0,R0,R1
```

【代码解释】

```
#01:将数值 1 放入寄存器 R0。
#02:将数值 2 放入寄存器 R1。
#03:将寄存器 R0 的值和寄存器 R1 的值相加,并将结果存放在寄存器 R0 中。
```

汇编语言指令是机器指令的符号化，与机器指令存在着直接的对应关系，所以汇编语言同样存在着难学难用、容易出错、维护困难等缺点。但是汇编语言也有自己的优点，它是一种与硬件紧密相关的程序设计低级语言，其程序结构简单，执行速度快，程序易优化，编译后占用的存储空间小，是单片机应用系统开发中最常用的程序设计语言。

在实际应用中，它通常被应用在底层硬件操作和高要求的程序优化的场合，或在高级语言不能满足设计要求，且不具备支持某种特定功能的技术性能(如特殊的输入、输出)时才被使用。驱动程序、嵌入式操作系统和实时运行程序都需要汇编语言。

1.2.3 高级语言

1. 高级语言简介

计算机的发展促使人们去寻求一些与人类自然语言相接近，且能为计算机所接受的语义确定、规则明确、自然直观和通用易学的计算机语言。这种与自然语言接近、与具体的计算机指令系统无关、其表达方式更接近人们对求解问题的描述方式的计算机语言，被称为高级语言。20 世纪 50 年代，人们创造出了第一个计算机高级语言——FORTRAN 语言。目前，人们广泛使用的高级语言有 C、C++、C#、Java、Python 等。

高级语言的描述形式接近自然语言，采用类似自然语言的形式来描述问题的处理过程，用数学表达式的形式来描述对数据的计算过程。高级语言面向的是解题的算法而不是具体机器的指令系统，故又称为算法语言。用它写出的程序对任何型号的计算机都适用(或只需进行很少的修改)。高级语言是面向用户的、基本上独立于计算机种类和结构的语言，其最大的优点是形式上接近于算术语言和自然语言，概念上接近于人们通常使用的语言。高级语言的一个命令可以代替几条、几十条甚至几百条汇编语言的指令。因此，高级语言易学易用、通用性强、应用广泛。

【例1.3】下面是利用C语言计算 $a=a+b$ 的代码，其中 $a=1$，$b=2$。

```
#01:int a=1;
#02:int b=2;
#03:a=a+b;
```

【代码解释】

```
#01:使变量 a 等于 1。
#02:使变量 b 等于 2。
#03:将变量 a 和变量 b 相加,并将结果赋值给变量 a。
```

2. 高级语言的编译与解释

使用高级语言编写的程序称为源程序。计算机并不能直接识别用高级语言编写的源程序，需要通过编译程序把高级语言“翻译”成机器语言形式的目标程序，再与有关的库程序链接成可执行程序，这样计算机才能识别和执行。这种翻译通常有两种方式：编译方式和解释方式。

编译程序的功能就是把使用高级语言书写的源程序翻译成与之等价的目标程序(汇编语言或机器语言)。编译过程包括词法分析、语法分析、语义分析、中间代码生成、代码优化和目标代码生成等阶段，以及符号表管理和出错处理模块。解释过程在词法分析、语法分析和语义分析方面与编译程序的工作原理基本相同，但是在运行用户程序时，它直接执行源程序或源程序的内部形式。

这两种语言处理后式的根本区别是，在编译方式下，机器上运行的是与源程序等价的目标程序，源程序和编译程序都不再参与目标程序的执行过程；而在解释方式下，解释程序和源程序(或其某种等价表示)要参与到程序的运行过程中，运行程序的控制权在解释程序上。解释器翻译源程序时不产生独立的目标程序，而编译器则需将源程序翻译成独立的目标程序。

3. 高级语言的发展

自从第一个计算机高级语言——FORTRAN语言产生之后，计算机高级语言的发展又经历了3个阶段：面向过程的程序设计语言、面向对象的程序设计语言、智能化语言。

1)面向过程的程序设计语言

面向过程的程序设计语言主要采用数组、过程(函数或模块)、指针等解决问题。数十年来，全世界涌现出了几千种面向过程的程序设计语言，每种语言都有其特定的用途，其中应用广泛的有100多种，而影响较大的有：FORTRON(适合数值计算的语言)、BASIC(适合初学者的小型会话语言)、COBOL(适合商业管理的语言)、Pascal(适合教学的结构化程序设计语言)、C(系统描述语言，适用于解决小型程序编程，尤其是设备驱动程序和内嵌式应用程序)。

结构化程序设计(Structured Programming)是面向过程程序设计的一个子集，它对写入的程序使用逻辑结构，使理解和修改更有效、更容易。程序处理一般包括输入、处理、输出3个步骤。输入包括变量赋值、输入语句；处理包括算术运算、逻辑运算、算法处理等；输出包括打印输出、写入文件和数据库等。

结构化程序设计方法的基本思路是把一个复杂问题的求解过程分阶段进行，每个阶段处理的问题都控制在人们容易理解和处理的范围内，采用的方法如下。

(1)自顶向下。程序设计时，应先考虑整体，后考虑细节；先考虑全局目标，后考虑局部目标。不要一开始就过多追求细节，先从上层总目标开始，逐步使问题具体化。

(2)逐步细化。一个复杂的问题通常采用分而治之的思想解决，即把大任务分解为多个小任务，先解决每个小的、容易的子任务，再解决复杂的、较大的任务。

(3)模块化设计。模块化是把要解决问题的总目标分解为各个子目标，再进一步分解为具体的小目标，把每一个小目标称为一个模块。模块在计算机程序设计中往往又被称为函数或过程，函数用于完成相同的功能，在程序的不同地方通过函数名称调用执行，而不必重复书写语句。

(4)结构化编码。结构化编码的3种基本结构为顺序结构、选择结构和循环结构。

20世纪70年代以来，结构化程序设计和软件工程的思想日益为人们所接受和欣赏。在它们的影响下，先后出现了一些很有影响力的结构化语言，这些结构化语言直接支持结构化的控制结构，具有很强的过程结构和数据结构能力。其中，C语言功能丰富，表达能力强，有丰富的运算符和数据类型，使用灵活方便，应用面广，移植能力强，编译质量高，目标程序效率高，具有高级语言的优点。同时，C语言还具有低级语言的许多特点，如允许直接访问物理地址，能进行位操作，能实现汇编语言的大部分功能，可以直接对硬件进行操作等。用C语言编译程序产生的目标程序，其质量可以与汇编语言产生的目标程序相媲美，具有“可移植的汇编语言”之称，成为编写应用软件、操作系统和编译程序的重要语言之一。

同时，C语言由于其独特的优势，也是最“经久不衰”的程序设计语言。许多操作系统，如UNIX、Windows、Linux等，都是用C语言或以C语言为基础进行编写的。迄今为止，许多在当时应用很广泛的程序设计语言，如BASIC、Pascal等，已经退出历史舞台，而C语言在目前程序设计语言的应用排名中，一直名列前茅。“学会其他语言可一时受益，学会C语言会终身受益!”已成为业界许多开发人员的共识。

2)面向对象的程序设计语言

面向对象的程序设计语言，又被称为非过程化语言。相对于面向过程的程序设计语言，面向对象的程序设计语言具有非过程性、采用图形窗口和人机对话形式、基于数据库和面向对象技术等特点，易编程、易理解、易使用、易维护。

面向对象的程序设计语言引入了对象和类的概念，对象具有属性和行为，通过消息来实现对象之间的相互操作，具有封装性、继承性和多态性三大特性。

面向对象的程序设计语言有VB(支持面向对象的程序设计语言)、C++(支持面向对象的程序设计大型语言)、Java(适用于网络的语言)、Python(一种代表简单主义思想的语言，阅读一个良好的 Python 程序如同在读英语一样，它使你能够专注于解决问题而不是去搞明白语言本身)等。

C++是一种使用非常广泛的计算机编程语言，它支持过程化程序设计、数据抽象、面向对象程序设计、泛型程序设计等多种程序设计风格。C++引入了面向对象的概念，使开发人机交互类型的应用程序更为简单、快捷。

起初，C++是作为 C 语言的增强版出现的，从给 C 语言增加类开始，不断地增加新特性。C++由于其语言本身过度复杂，人类难于理解其语义。更为糟糕的是，C++的编译系统受到 C++的复杂性的影响，非常难编写，即使能够使用的编译器也存在大量的问题，这些问题大多难于被发现。

因此，如何快速、高效地学习 C++程序设计是一个非常值得探讨的问题。为此，我们进行了深入的探索、研究和实践，独创基于算法设计的能力驱动教学方法，也称基于信息学竞赛的能力驱动教学方法，取得了事半功倍的效果，为初学者和信息学竞赛设计者带来了很大的方便。

3)智能化语言

智能化语言，又被称为自然语言、知识库语言或人工智能语言，其目标是成为最接近日常生活所用语言的程序语言，主要应用于人工智能领域，用于编写推理、演绎程序。

真正意义上的智能化语言尚未出现，LISP 和 PROLOG 号称智能化语言，其实还远远不能达到自然语言的要求。

1.3 计算机算法

1.3.1 算法的基本概念

程序设计离不开算法设计，所以计算机程序设计人员必须掌握设计算法，并根据算法编写程序。计算机科学的各个领域都高度依赖于算法设计。设计高效的算法来解决现实应用问题，是计算机各领域的重要研究课题。

1. 算法的定义

什么是算法？广义地说，为了解决某一问题而采取的方法和步骤，就称之为算法。乐谱是乐队演奏和指挥的算法；菜谱是厨师烧菜的算法。在计算机中，算法通常是指可以用计算机来解决的某一类问题的程序或步骤，这些程序或步骤必须是明确的和有效的，而且能够在有限步之内完成。

一个算法就是一个有穷规则的集合，其中的规则规定了一个解决某一特定类型问题的运算序列。用计算机解题时，任何答案的获得都是按指定顺序执行一系列指令的结果。因此，用计算机解题时，需要将解题方法转换成一系列具体的、在计算机上可执行的步骤，然后才能将这些步骤表示成指令代码。这些步骤能清楚地反映解题方法每步“怎样做”的过程，这个过程就是通常所说的算法。

2. 算法的基本特征

一个算法应该具有如下 5 个特征。

(1) 有穷性。一个算法必须保证它的执行步骤是有限的，即它是能终止的。也就是说，执行步骤不能是无限的。

(2) 确定性。算法中的每个步骤必须有确切的含义，而不应当是含糊的、模棱两可的。

(3) 能(可)行性。算法中的每一个步骤都要足够简单，是实际能做的，并能在有限时间内完成。

(4) 输入性。算法有 0 个或多个输入。输入是指算法在执行时需要从外界获得数据，其目的是为算法建立某些初始状态。

(5) 输出性。算法有一个或多个输出。算法的目的是求解问题，问题求解的结果应以一定的方式输出。

3. 算法的判断标准

在现实社会中，不同的人对于同一问题会有不同的看法或解决方法。同样，在计算机领域，对于同一问题可能存在多种算法。

判断一个算法的好坏，主要依据以下 4 个标准。

(1) 正确性。正确性是设计一个算法的首要条件，如果一个算法不正确，那么其他方面也就无从谈起。一个正确的算法是指在合理的数据输入下，能在有限的时间内得出正确的结果。

(2) 可读性。算法首先是为了人的阅读与交流，其次才是让计算机执行，因此算法应该易于理解；相反，晦涩难读的算法易于隐藏较多错误，而使实现该算法的程序的调试工作变得更加困难。

(3) 健壮性。算法应当具备检查错误和对错误进行适当处理的能力。一般而言，处理错误的方法不应是中断程序的执行，而应是返回一个表示错误或错误性质的值，以便在更高的抽象层次上处理。

(4) 效率。效率是指算法执行时所需计算机资源的多少，包括运行时间和存储空间两方面的要求。运行时间和存储空间都与问题的规模有关。存储空间指的是算法执行过程中所需的最大存储空间。

4. 算法的复杂性分析(评估算法的效率)

在设计满足问题要求的算法时，评估算法的效率，即算法复杂度的估算是非常重要的。我们不可能把每个能想到的算法都一一实现看其是否足够快，应当通过估算算法的复杂度来判断所想的算法是否足够高效。

算法复杂度分为时间复杂度和空间复杂度。时间复杂度是指执行算法所需要的计算工作量；而空间复杂度是指执行这个算法所需要的内存空间。

由于目前计算机的存储容量足够大，因此在估算算法的复杂度时，一般不考虑空间复杂度，只考虑时间复杂度。

在分析时间复杂度时，我们通常考虑它与什么成正比，并称之为算法的阶。在计算机科学中，算法的时间复杂度是一个函数，通常用大写的 O 表述，用于定量描述该算法的运行时间。算法中模块 n 的基本操作的重复执行次数计为函数 $f(n)$，算法的时间复杂度为 $T(n)=$

$O(f(n))$。时间复杂度的增长率与 $f(n)$ 的增长率成正比，$f(n)$ 越小，时间复杂度越低，算法的效率越高。

按数量级递增排列，常见的时间复杂度有：常数阶 $O(1)$，对数阶 $O(\log n)$，线性阶 $O(n)$，线性对数阶 $O(n\log n)$，平方阶 $O(n^2)$，立方阶 $O(n^3)$，…，k 次方阶 $O(n^k)$，指数阶 $O(2^n)$，阶乘阶 $O(n!)$，n 次指数阶 $O(n^n)$。随着模块 n 的不断增大，上述时间复杂度不断增大，算法的执行效率越来越低。

在计算时间复杂度的时候，先找出算法的基本操作，然后根据相应的各语句确定它的执行次数，再找出 $T(n)$ 的同数量级(它的同数量级有：1，$\log n$，n，$n\log n$，n^2，n^3，2^n，$n!$ 等)，找出后，$f(n)$= 该数量级，若 $T(n)/f(n)$ 求极限可得到一常数 c，则时间复杂度 $T(n)=O(f(n))$。

在程序中比较容易理解、容易计算的方法是，看看有几重 for 循环，如果只有一重则时间复杂度为 $O(n)$，二重则为 $O(n^2)$，依此类推。如果有二分则为 $O(\log n)$，如快速幂、二分查找。如果一个 for 循环套一个二分，那么时间复杂度为 $O(n\log n)$。

程序运行的时间，不但取决于算法复杂度，也会受诸如循环体的复杂性等因素的影响，造成的差距在多数情况下，也就是几十倍，可以忽略不计。

1.3.2 算法的表示方法(描述方式)

算法的表示方法多种多样，不同算法的表示方法对算法的质量有一定的影响。描述同一个算法，常用的方法有自然语言(文字)、流程图、N-S 图(盒图)、伪码、程序设计语言等。

1. 用自然语言(文字)表示算法

最简单的描述算法的方法是使用自然语言(文字)。用自然语言(文字)表示算法是比较少用的方法，多数用于口头表示集合中，少数用于书面。

用自然语言(文字)表示算法的优点是简单且便于人们对算法的理解和阅读，缺点是不够严谨，易产生歧义。当算法比较复杂且包含很多转移分支时，用自然语言(文字)表示就不那么直观清晰了。

【例 1.4】狼、羊和卷心菜过河游戏。在一河岸有狼、羊和卷心菜，农夫要将它们渡过河去，但由于他的船太小，每次只能载一样东西。并且，当农夫不在时，狼会把羊吃掉，而羊又会把卷心菜吃掉。问农夫如何将它们安全渡过河去？用自然语言表示算法。

【算法描述】

设：要从河的右岸到河的左岸。

(1)农夫先带羊过河到左岸，然后将船划回右岸。

(2)农夫先带卷心菜过河到左岸，然后将羊带回到右岸。

(3)农夫先带狼过河到左岸，然后将船划回右岸。

(4)农夫带羊过河到左岸。

【例 1.5】鸡兔同笼问题。我国古代数学著作《孙子算经》中有如下问题：“今有雉兔同笼，上有三十五头，下有九十四足，问雉兔各几何？”用自然语言表示算法。

【算法分析】

(1)数学思维：假设法、列方程。

(2)计算思维：穷举法。

列举出鸡和兔子只数的组合，不断试错。将鸡的数量定义为n，则兔为35-n。鸡和兔脚的数量总和是否为94，即为程序是否结束的判断标准。

算法描述的两个基本要素：初始状态、变化规律。

初始状态：最开始尝试的那一组数据(0只鸡、35只兔子)，设鸡的数量为n，兔子的数量为35-n。

变化规律：失败之后鸡的数量加1，兔子的数量减1，变化规律为n=n+1。

【算法描述】

(1)假设鸡的数量为n只，兔的数量为35-n。

(2)n=0。

(3)如果2 * n+4 * (35-n)= =94，则输出结果n，35-n；否则执行步骤(4)。

(4)n=n+1。

(5)执行步骤(3)。

【拓展学习】

【P1.1】高楼的自动电梯是按什么规则为乘客服务的？用自然语言表示算法。

【P1.2】求 s=1+2+3+…+100，用自然语言表示算法。

2. 用流程图表示算法

用自然语言(文字)表示算法，看起来比较费劲，且不够严谨，易产生歧义。当算法比较复杂且包含很多转移分支时，用自然语言(文字)表示算法就不那么直观清晰了。

用流程图表示算法，就是一种表示算法的图形化描述。通过流程图，可以清晰地描述出算法的思路和过程。用流程图表示算法，其特点是简洁、明了，便于理解和交流。用流程图表示算法，常用的构件如表1.1所示。

表1.1 流程图常用的构件说明

符号名称	图形	功能
起止框	圆角矩形	表示算法的开始和结束
输入/输出框	平行四边形	表示算法的输入/输出操作
处理框	矩形	表示算法中的各种处理操作
判断框	菱形	表示算法中的条件判断操作
流程线	→	表示算法的执行方向
连接点	○	表示流程图的延续

绘制流程图的工具有很多，其中矢量图编辑器 Diagram Designer 是一个小巧、免费、简单、易用的编辑器，可绘制流程图、统一建模语言(Unified Model Language，UML)图、说明图和演示，并支持中文，使用它可以方便地制作流程图。

【例1.6】利用矢量图编辑器 Diagram Designer 和流程图描述例1.5的算法。

【算法描述】

利用矢量图编辑器 Diagram Designer 画流程图来描述例1.5的算法，如图1.2所示。

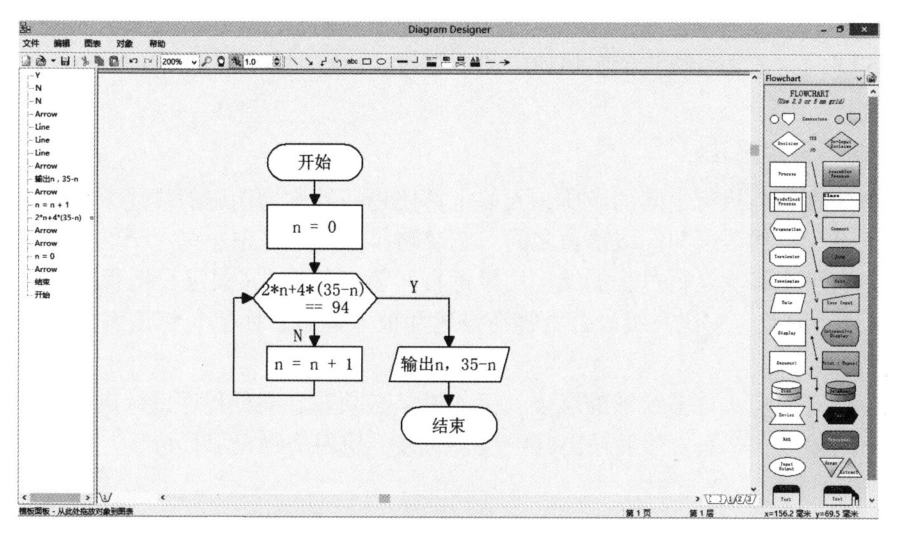

图 1.2　用流程图描述例 1.5 的算法

【拓展学习】

【P1.3】求 $s=1+2+3+\cdots+n$，利用矢量图编辑器 Diagram Designer 绘制算法的流程图。

【P1.4】依照中华人民共和国《机动车驾驶员驾车时血液中酒精含量规定》，血液中酒精含量大于或等于 0.2 mg/ml 驾驶机动车的属酒后驾驶；大于或等于 0.8 mg/ml 驾驶机动车的属醉酒驾驶。试用流程图描述该算法帮助交警判断某人属酒后驾驶、醉酒驾驶还是没有违法。

3. 用 N-S 图(盒图)表示算法

N-S 图，也被称为盒图或 CHAPIN 图。1973 年，美国学者 I. Nassi 和 B. Shneiderman 提出了一种在流程图中完全去掉流程线，全部算法写在一个矩形框内，在框内还可以包含其他框的流程图形式，即由一些基本的框组成一个大的框，这种流程图被称为 N-S 结构流程图(以两个人的名字的首字母组成)。

与流程图一样，使用 N-S 图来表示算法，其特点是简洁、明了，便于理解和交流。

N-S 图循环结构有当循环结构和直到循环结构两种形式，具体内容将在 1.4.3 小节中详细论述。

【例 1.7】求 1 ~ n 之间整数依次相加之和不超过 1 000 时 n 的值，用 N-S 图的当循环结构表示。

【算法描述】

用 N-S 图描述的算法如图 1.3 所示。

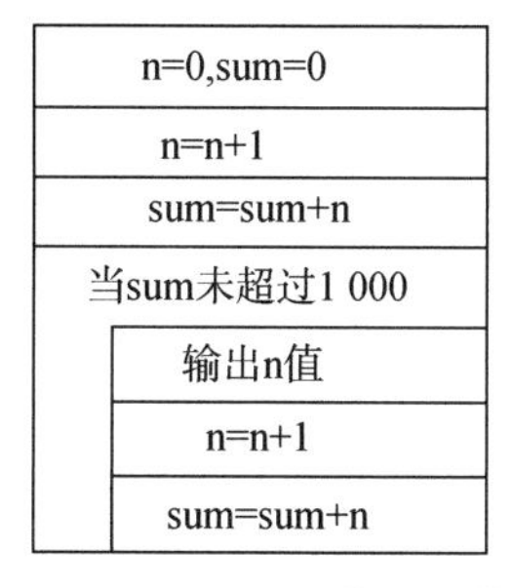

图 1.3　用 N-S 图描述的算法

【拓展学习】

【P1.5】求 $1 \sim n$ 之间整数依次相加之和不超过 1 000 时 n 的值，用 N-S 图的直到循环结构表示。

4. 用伪码表示算法

为了解决理解与执行之间的矛盾，人们常常使用一种称为伪码的描述方法来对算法进行表示。伪码介于自然语言与高级语言之间，它忽略了高级语言中一些严格的语法规则与描述细节，可以将整个算法运行过程的结构用接近自然语言的形式(关键是把程序的意思表达出来)描述出来。因此，它比高级语言更容易描述和被人理解，而比自然语言或算法框图更接近高级语言。

使用伪码可以免去许多绘图的麻烦，但前提是必须熟悉某种程序设计语言。

【例 1.8】输入 3 个数，然后输出其中最大的数，使用伪码表示算法。

【算法描述】

```
算法开始
    输入 A,B,C 三个数
    if A>B 则
        A→Max
    else
        B→Max
    if C>Max 则
        C→Max
    cout Max(输出 Max 的值)
算法结束
```

【拓展学习】

【P1.6】用伪码表示例 1.7 的算法。

5. 用程序设计语言表示算法

我们的任务是用计算机解决问题，即用计算机程序设计语言实现算法。用程序设计语言表示算法，必须严格遵循所用语言的语法规则，使用特定的、可以直接在计算机上执行的程序表示算法。

【例 1.9】输入 3 个整数，然后输出其中最大的数，使用 C++表示算法。

【算法描述】

```
int x,y,z,max;
cin>>x>>y>>z;
if( x > y )
  max=x;
else
  max=y;
if( z > max )
  max=z;
cout<<max<<endl;
```

用程序设计语言表示算法，其优点是不用转换直接可以编译执行，缺点是需要针对特定的程序设计语言（如 C、C++、Java、Python 等），比较难以理解，需花费较长时间系统学习，将在后续章节详细论述 C/C++程序设计的技巧和方法。

1.3.3　算法设计要解决的一些基本问题

计算机的应用领域越来越广泛，其求解问题所涉及的算法也越来越复杂。但不论最终的算法如何复杂，它们通常都可以由一些求解基本问题的算法组合而成。

计算机在求解问题过程中经常遇到的基本问题如下。

1. 排序问题

排序(Sorting)指的是将给定数据集合中的元素按照一定的标准来安排先后次序的过程。由于秩序是人们日常生活中频繁遇到的问题，因此排序在算法设计中占有非常重要的地位。

计算机科学家对排序算法的研究经久不衰，目前已经有成百上千种排序算法，如插入排序、选择排序、归并排序和快速排序等。每种排序算法在时空开销及其他方面各有特点。在实际应用中，通常需要结合具体的问题选取最合适的排序算法。

2. 查找问题

查找(Searching)指的是按照指定的关键字，从给定的数据集合中找出指定的数据元素的过程。查找在计算机应用领域中同样占有举足轻重的地位。在宏观方面，从海量数据中查找有用信息的要求越来越迫切，且已成为制约社会发展的关键技术。在微观方面，数据的查找在算法设计中也是频繁出现的子问题。

目前，计算机科学家提出了许多种查找算法，如顺序查找、二分查找和哈希查找等。每种查找算法都有各自的优缺点，需要结合具体的问题选取最合适的查找算法。

3. 图问题

图(Graph)是由顶点集和边集构成的集合。在实际应用中，许多问题通过抽象和建模常常可以转化为图问题，如旅行商问题、最大流问题、多播路由问题等。

图问题的求解需要涉及图的遍历以及图的拓扑排序等方面的内容。有些图问题非常复杂，目前甚至无法设计出高效的求解算法。

4. 组合问题

组合问题(Combinatorial Program)通常要求从离散的空间中寻找到一个对象，使之能够满足特定的标准(如满足某种最优化性质)。组合问题的范畴非常广泛，人们在日常生活中遇到的大部分离散问题都可以归结为组合问题，如航船运输路线、工作指派、货物装箱等，上面描述的图问题也属于组合问题。

在计算机应用领域中，许多最难解的问题都是组合问题，尤其当问题的规模较大时，很难设计出有效的算法在可以接受的时间内求解这些问题。

5. 数值问题

数值问题(Numerical Program)指的是一类涉及连续性的数学问题，如解方程、求函数的最大值等。在日常生活和科学研究中，许多问题通过建模常常可以转化为一个定义域为连续域的数值优化问题。因此，数值问题是算法设计中一个重要的研究方向。

经过多年的发展，计算机科学家提出了许多成熟的数值算法，如大规模方程组的求解算法、复杂函数的求导算法，以及解决函数最优化问题的牛顿法和共轭梯度法等。此外，由于问题的定义域具有连续的性质，解空间无穷大，故采用计算机来求解这些问题，通常只能得到近似的解。

6. 几何问题

几何问题(Geometric Program)指的是处理点、线和面这些对象的一类问题。随着计算机性能的提升，计算机图形学、模式识别和游戏开发等领域取得了较快的发展。上述领域的研究经常涉及一些计算几何的问题，如图形的剪裁、光照效果、三维成像等。

1.4 程序的基本结构和流程图

在计算机程序设计中，任何复杂的问题都可以用 3 种基本结构组成的程序来完成。这 3 种基本结构分别如下。

(1)顺序结构，按指令的顺序依次执行。

(2)选择结构，根据判别条件有选择地执行流程。

(3)循环结构，有条件地重复执行某个程序块。

3 种基本结构有如下共同点。

(1)只有一个入口和一个出口。

(2)结构内部的每个部分都有机会被执行到。

(3)结构内不存在死循环。

1.4.1 顺序结构

程序的顺序结构就是按指令的先后顺序依次执行，如图 1.4 所示。

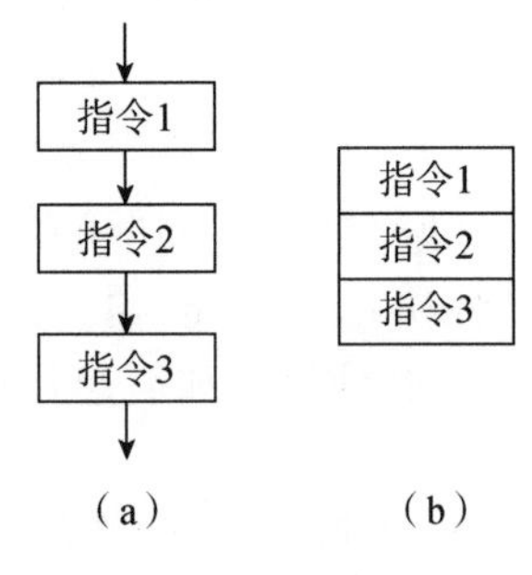

图 1.4 程序的顺序结构

(a)流程图；(b)N-S 图

在一个程序的步骤序列中，按顺序执行指令：先执行完一个处理步骤指令 1 后，顺序执行紧跟着的下一个处理步骤指令 2，再顺序执行处理步骤指令 3。

【例1.10】有3只杯子，其中A杯子装有水，B杯子装有可乐，C杯子是空杯子，现将A、B两杯子里的饮料进行交换，用流程图表示算法。

【算法描述】

用流程图描述的算法如图1.5所示。

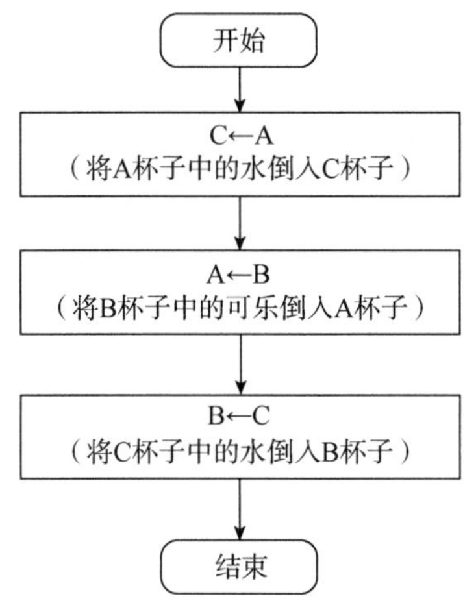

图1.5 用流程图描述的算法

1.4.2 选择结构

程序的选择结构就是根据分支条件判断条件是否成立来选择相应分支路径中的指令，如图1.6所示。

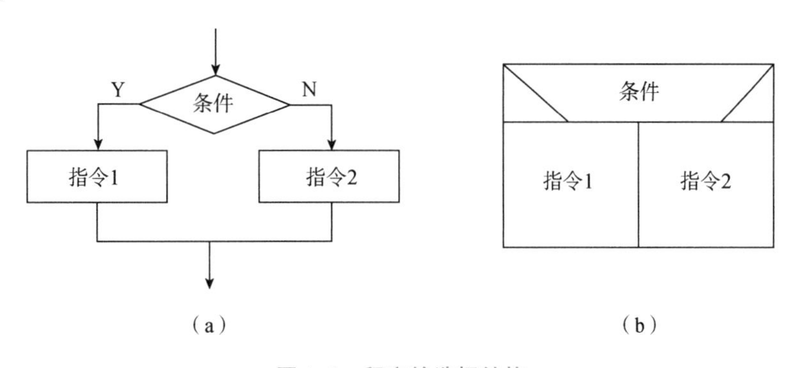

图1.6 程序的选择结构

（a）流程图；（b）N-S图

在程序执行流程中，对某个条件进行判断，当结果为真时，执行处理步骤指令1，否则执行处理步骤指令2。在特定情况下，可以缺省条件为假时的执行情况，即没有“否则执行处理步骤指令2”。

【例1.11】输入两个数a、b，输出其中较大的数，用流程图表示算法。

【算法描述】

用流程图描述的算法如图1.7所示。

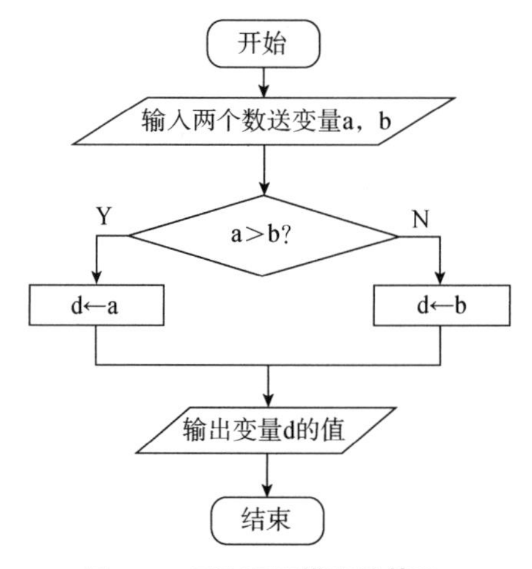

图 1.7　用流程图描述的算法

1.4.3　循环结构

程序的循环结构分为当循环结构和直到循环结构，如图 1.8 所示。

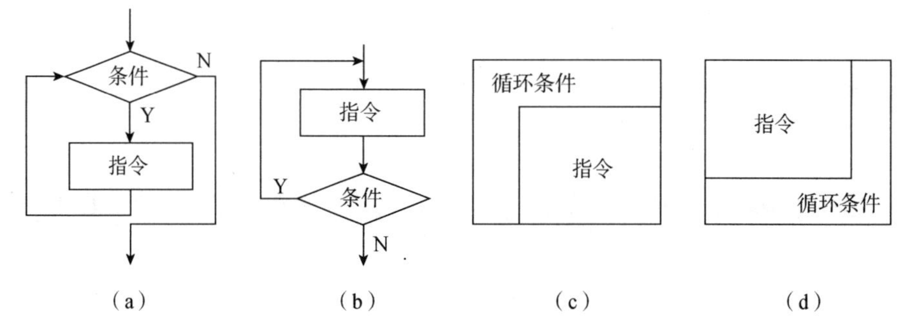

图 1.8　程序的循环结构

(a)当循环结构流程图；(b)直到循环结构流程图；(c)当循环结构 N-S 图；(d)直到循环结构 N-S 图

(1)当循环结构。当循环结构先判断后执行，当循环条件成立时，反复执行循环体中的指令操作，直到循环条件不成立为止，如图 1.8(a)、图 1.8(c)所示。

(2)直到循环结构。直到循环结构先执行后判断，当循环条件成立时，反复执行循环体中的指令操作，直到循环条件不成立为止，如图 1.8(b)、图 1.8(d)所示。

当循环模式是先对条件进行判断，当结果为真时，执行处理步骤指令，然后再次判断这个条件，当结果为真时，再次执行处理步骤指令，并继续判断条件，重复上述过程，直到判断条件的结果为假。

直到循环模式是先执行处理步骤指令，然后对某条件进行判断，当结果为真时，再次执行处理步骤指令，然后再次判断这个条件，当结果为真时，再次执行处理步骤指令，重复上述过程，直到判断条件的结果为假。

【例 1.12】用流程图表示算法求 $n!$，$n!=1\times2\times3\times\cdots\times n$，如 $5!=1\times2\times3\times4\times5$。

【算法分析】

(1)首先考虑该问题中涉及的数据，设计适当的变量来保存这些数据。n 表示接收输入的数据；s 用来存储最终的结果；m 表示计数器，用来计数已累乘的数。

(2)对变量 s 和变量 m 进行初始化。因为变量 s 要进行累乘计算，所以变量的初值要置为 1(思考：为什么不是 0)；m 用于计数，变化范围是从 1 ~ n，故它的初值也设为 1。

(3)然后通过输入指令确定要计算的阶乘，并保存在变量 n 中。

(4)最后判断是否累乘结束(m≤n)，如果没有，则进行累乘，s←s * m，m←m+1；继续判断是否累乘结束(m≤n)，如果没有，则再次继续累乘，计数器 m 加 1……，直至累乘结束(m>n)。

(5)输出结果 s。

【算法描述】

用流程图描述的算法如图 1.9 所示。

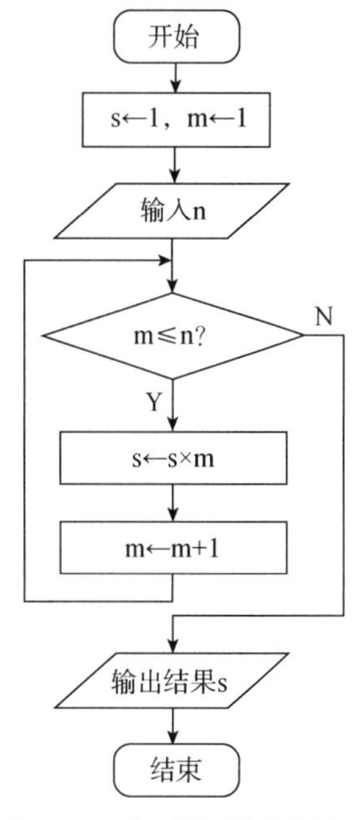

图 1.9 用流程图描述的算法

【思考】如果将流程图中的 s←s * m 与 m←m+1 位置进行交换，则计算的结果 s 是否正确？若不正确，应在哪几处进行修改？

【拓展学习】

【P1.7】哥德巴赫猜想。1742 年 6 月 7 日，德国数学家哥德巴赫(C. Goldbach)提出了一个大胆的数学猜想：任何一个大于等于 2 的偶数均可表示为两个素数(质数)之和，简称“1+1”。这一猜想就是数学史上著名的哥德巴赫猜想。两百多年来，哥德巴赫猜想吸引了世界上众多的数学家对其进行研究，但始终没有结果，它已成为数学界的一大悬案。目前的最佳结果是中国数学家陈景润于 1966 年的证明。他运用新的方法，在一间 6 m^2 的小屋里，借助一盏昏暗的煤油灯，用一支笔，耗去了几麻袋的草稿纸，攻克了世界著名数学难题哥德巴赫猜想中的“1+2”，即证明了“任何一个充分大的偶数都是一个素数及一个不超过两个素数的乘积之和”，称之为陈氏定理(Chen's Theorem)。他创造了距“1+1”只是一步之遥的辉煌，在哥德巴赫猜想的研究中居世界领先地位。

在数学课程中学习的素数就是满足这样条件的整数：它除了能表示为它自己和 1 的乘积以外，不能表示为其他任何两个整数的乘积。例如，如果判断 123 456 791 是否为素数，则需要验证从 2 ~ 123 456 790 之中是否存在 123 456 791 的约数，如果没有，则 123 456 791 为素数，反之则为合数，这是一件十分烦琐的工作。而如果使用算法与程序设计相关知识，设计出解决此问题的算法并编制好程序，那么此项工作将会变得相对容易。只需输入相应数据并运行该程序，立即就能得出结果。

1.5 C/C++程序设计概述

1.5.1 C/C++简介

1. C 语言

C 语言是由美国 AT&T 贝尔实验室的 D. M. Ritchie 在 20 世纪 70 年代初期，为了移植与开发 UNIX 操作系统，而设计开发的一种通用的、面向过程的计算机程序设计语言。它既具有高级语言的特点，又具有汇编语言的特点。它可以作为操作系统设计语言，编写系统程序（许多现代操作系统是用 C 语言编写的），也可以作为应用程序设计语言，编写不依赖计算机硬件的应用程序，是一种受欢迎且用途广泛的程序设计语言。

C 语言具有如下特点。

(1)语言简洁、紧凑，使用方便、灵活。

(2)运算符丰富。

(3)数据结构(类型)丰富，具有现代化语言的各种数据结构。

(4)具有结构化的控制语句。

(5)语法限制不太严格，程序设计自由度大。

(6)能进行位操作，能实现汇编语言的大部分功能，可以直接对硬件进行操作。

(7)生成目标代码的质量高，程序执行效率高。

(8)适用范围大，可移植性好(跟汇编语言比)。

C 语言把高级语言的基本结构和语句与低级语言的实用性结合起来，可以像汇编语言一样对位、字节和地址进行操作，而这三者是计算机最基本的工作单元。许多大型应用软件都是用 C 语言编写的。

2. C++

C++是由美国 AT&T 贝尔实验室的 D. B. Stroustrup 在 20 世纪 80 年代初期发明并实现的。最初这种语言被称作 C with Classes(带类的 C)。起初，C++是作为 C 语言的增强版出现的，从给 C 语言增加类开始，不断地增加新特性。今天 C++已成为世界主流编程语言之一。

C++具有如下特点。

(1)语言简洁紧凑，使用灵活方便。C++一共只有 32 个关键字和 9 种控制语句，程序书写自由，主要用小写字母表示。

(2)运算符丰富。C++的运算符包含的范围很广泛，共有 34 个运算符。

(3)数据结构丰富。C++的数据类型有整型、实型、字符型、数组型等。

(4)为结构化语言。结构化语言的显著特点是代码及数据的分隔化，即程序的各个部分除了必要的信息交流外彼此独立。

(5)生成的代码质量高。C++在代码效率方面可以和汇编语言相媲美。

(6)可移植性强。使用 C++编写的程序很容易进行移植，在一个环境下运行的程序不修改或只进行少许修改就可以在完全不同的环境下运行。

3. C 语言与 C++的区别

C++是以 C 语言为基础开发的，C 语言的大多数内容被保留了下来。在信息学竞赛领域，很多情况下 C 语言和 C++可以互相转化，甚至不用对代码进行任何修改。下面是信息学竞赛领域中 C 语言和 C++的重要区别。

(1)C++支持用流输入、输出，而 C 语言只能用 scanf 和 printf。

(2)C++非常支持面向对象编程，而 C 语言不支持。

(3)高精度算法只能用 C++完成，因为在 struct 内定义了成员函数。

(4)C++可以用更强大的 string 类处理字符串，而不必担心发生某些低级错误。

(5)C++有强大的标准模块库(Standard Template Library，STL)，而 C 语言没有(只有一个小小的 qsort 和 bsearch)。

(6)STL 是很多人从 C 语言转到 C++学习的重要原因。

(7)C 语言的头文件名仍然可以用在 C++中，不过可能会收到警报——应该去掉“.h”，前面再加一个“c”。例如，<stdio.h>应该改成<cstdio>。

(8)C 语言程序运行速度稍快于 C++。

总之，C 语言能做的一切事情，C++也能做；C++能做的一切事情，C 语言不一定能做。但 C 语言由于其独特的优势，仍然成为“经久不衰”的程序设计语言，在目前程序设计语言的应用排名中，一直名列前茅。学习过 C 语言后，再学习 C++就容易得多。本书针对 C/C++程序设计的综合开发过程，把 C 语言的学习与 C++的学习结合在一起，一并论述。

1.5.2 C/C++程序示例

以下通过两个示例来说明 C/C++源程序的基本部分和结构特点。

1. C 语言程序示例

【例 1.13】在屏幕上用 C 语言输出“Hello World!”。

【程序设计】

```
#01:/* e1-13.cpp C 语言框架文件,使用 Dev-C++集成开发工具,扩展名仍为 .cpp */
#02:#include<cstdio>
#03:using namespace std;
#04:int main()
#05:{
#06:     printf("Hello World!  \n");
#07:     return 0;
#08:}
```

【程序解释】

#01:“/*…*/”为注释说明内容,本程序为 C 语言框架文件,由于使用 Dev-C++集成开发工具,故程序扩展名仍为 .cpp。

#02:告诉编译器的预处理器,将使用标准输入/输出的标准头文件〈cstdio〉包含在本程序中。

#03:使用 std(standard,标准)名字空间的意思。名字空间是指标准 C++中的一种机制,用来控制不同类库的冲突问题。使用它可以在不同的空间内使用相同名字的类或者函数。在 C 语言框架文件中,由于使用 Dev-C++集成开发工具,故仍然使用 std 名字空间控制不同类库的冲突问题。

#04:所有 C 语言程序都必须有一个 main()(主函数)。main()中的内容,由一对花括号{ }括起来。这一行为主函数的起始声明。main()是所有 C 语言程序运行的起始点,不管它是在代码的开头、结尾还是中间,此函数中的代码总是在程序开始运行时第一个被执行。所有 C 语言程序都必须有一个 main()。main 后面跟了一对圆括号(),表示它是一个函数。C 语言中所有函数都跟有一对圆括号,圆括号中可以有一些输入参数。

注意,圆括号中即使什么都没有也不能省略。

#05:程序段开始,在此表示主程序开始。

#06:printf 是一个输出语句,告诉计算机把引号之间的字符串送到标准的输出设备(屏幕)上。printf 的声明在头文件〈cstdio〉中,所以要想使用 printf 必须将头文件〈cstdio〉包括在程序开始处。“\n” 是 C 语言

的换行控制符,表示内容输出后换行显示后续的内容。

#07:返回与主程序函数类型一致的数值,返回 0 表示该程序运行结束。

#08:程序段结束,在此表示主程序结束。

【通用说明】语句和语句块。

语句：一般情况下，一条语句要用分号“;”结束。为了程序的美观和可读性，可以把一条语句扩展成几行，也可以把多个语句写到同一行上。

语句块：用“{”和“}”包围的代码是语句块。无论里面有多少代码，原则上语句块所在的整体都视为一条语句。

【运行结果】

Hello World!

2. C++程序示例

【例 1.14】在屏幕上用 C++输出“Hello World!”。

【程序设计】

```
#01:// e1-14.cpp   C++框架文件,扩展名为 .cpp
#02:#include<iostream>
#03:using namespace std;
#04:int main()
#05:{
#06:      cout<<"Hello World!"<<endl;
#07:      return 0;
#08:}
```

【程序解释】

#01:与“/*…*/”类似,“//”后为注释说明内容,本程序为 C++框架文件,由于使用 Dev-C++集成开发工具,故程序扩展名为 .cpp。

注释有两种,一种是“//”,另一种是“/*…*/”。“//”必须单独放置一行,或放在代码所在行的后面;而“/*”“*/”成对存在,可以插入代码的任意位置。

#02:告诉编译器的预处理器,将使用输入/输出流的标准头文件〈iostream〉包含在本程序中。这个头文件包括了 C++中定义的基本标准输入/输出程序库的声明。

在代码开头写“#include <头文件名>”。如果想引用自己的头文件,则需要把尖括号(表示只从系统目录搜索头文件)换成双引号(表示先从 cpp 所在文件夹搜索,然后再到系统文件夹搜索)。

#03:使用 std(standard,标准)名字空间的意思。名字空间是指标准 C++中的一种机制,用来控制不同类库的冲突问题。使用它可以在不同的空间内使用相同名字的类或者函数。在 C++框架文件中,使用 std 名字空间控制不同类库的冲突问题。

#04:所有 C++程序都必须有一个 main()。main()中的内容,由一对花括号{}括起来。main()是所有 C++程序运行的起始点,不管它是在代码的开头、结尾还是中间,此函数中的代码总是在程序开始运行时第一个被执行。所有 C++程序都必须有一个 main()。main 后面跟了一对圆括号,表示它是一个函数。C++中所有函数都跟有一对圆括号,圆括号中可以有一些输入参数。

注意,圆括号中即使什么都没有也不能省略。

#05:程序段开始,在此表示主程序开始。

#06:这个语句在本程序中最重要。cout 是一个输出语句,告诉计算机把引号之间的字符串送到标准的输出设备(屏幕)上。cout 的声明在头文件〈iostream〉中,所以要想使用 cout 必须将头文件 iostream 包括在程序开始处。endl 是 C++语言的换行控制符,表示内容输出后换行显示后续的内容。

#07:返回与主程序函数类型一致的数值,返回 0 表示该程序运行结束。

#08:程序段结束,在此表示主程序结束。

【运行结果】

Hello World!

1.5.3 C/C++程序编译和执行

高级语言程序需要使用解释器/编译器将其转换成机器代码后才能在计算机中运行。解释器像一位“中间人”，每次执行程序时都要先转换成另一种语言再执行，因此解释器的运行比较缓慢。常见的解释器有 BASIC、Python、LISP 等。相对地，编译器一次将程序翻译成机器码，可以多次执行而无须再编译，其生成的程序无须依赖编译器就可执行，程序运行速度比较快。常见的编译器有 C、C++、Pascal 等。

对于 C/C++程序来说，从编辑源代码到程序运行需要 4 个步骤，如图 1.10 所示。

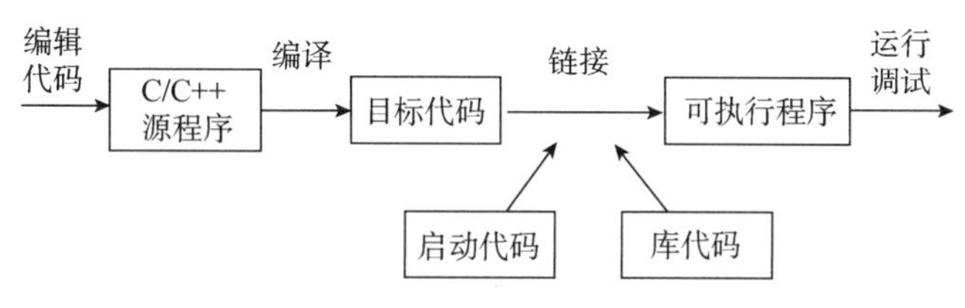

图 1.10 C/C++程序的编译与执行

(1)编辑代码：利用编辑器编写程序的源代码，保存在一个文件中，该文件的扩展名应为 . c 或 . cpp，该文件就是程序的源代码文件。

(2)编译：编译源代码，生成目标代码文件。编译源代码要用到编译器，如 g++、gcc 等。生成的目标代码文件的扩展名是 . o。目标代码文件里的内容是机器语言。

(3)链接：将目标代码与启动代码、库代码或其他目标代码链接起来，最后生成可执行代码或者可执行文件。

(4)运行调试：对程序进行调试，输出结果。

通常把程序的编译和链接统称为编译阶段。

1.5.4 C/C++开发工具简介

常见的 C/C++程序设计 IDE 和编辑器如表 1.2 所示。选择一些高效的、切实可行的教学工具，如集成开发环境(Intergrated Development Environment，IDE)或具有编程特性的代码编辑器，可使 C/C++程序设计的学习简单化、可视化。在使用工具的过程中，可较好地理解掌握复杂、深奥、抽象的 C/C++程序设计规则和程序设计技术，在使用工具和理论学习的反复过程中，把理论与实践有机地结合起来，轻松掌握 C/C++程序设计，在轻松愉快的学习气氛中，各方面能力得到提高。

为了便于使用，本书选用较为简单和实用的 Windows 下的 C/C++程序可视化集成开发环境 Dev-C++，可以用此软件实现 C/C++程序的编辑、编译、链接、运行和调试。

表 1.2　常见的 C/C++程序设计 IDE 和编辑器

名称	适用操作系统	代码编辑功能	编译器	调试功能	单文件编译
Dev-C++	Windows	一般	自备	差	√
Code::Blocks	Linux、Windows	好	×	好	√(调试除外)
Anjuta C/C++ IDE	Linux	好	×	好	×
GUIDE	Windows、Linux	一般	×	一般	√
Emacs(Linux 自带)	Linux、Windows	好	×	好	√
Vim(Linux 自带)	Linux、Windows	好	×	gdb * *	g++ * * *
Eclipse * * * *	Windows、Linux	好	×	好	×
记事本+命令提示符	Windows	×	×	gdb	g++
gedit+终端	Linux	差	×	gdb	g++
Visual C++	Windows	好	自备 *	好	×
Qt Creator	Windows、Linux	好	自备	好	×

注：(1) * 不是 GCC，而是 Microsoft 自己的编译器；
(2) gdb * * 调试功能的好坏取决于用户使用的熟练程度；
(3) * * * 会用就能编译；
(4) * * * * 需要安装 CDT 插件才能编写 C++程序；
(5) Windows 不预备 C++编译器，用户需要自己下载并安装。Linux 自备 GCC，无须再安装编译器。

课外设计作业

1.1　传教士与野人过河问题。有 3 个野人和 3 个传教士分别在河的两岸，需要过河。现在有一艘小船，最多能载两人，在渡河时，无论是在河的左岸还是右岸，如果野人的人数超过传教士的人数，则野人就会吃掉传教士。问怎样才能安全渡河，并写出解决此问题的算法步骤，用自然语言表示算法。

1.2　走迷宫问题。小明误入了迷宫，迷宫处于一个黑暗的环境中，根本无法看清道路，只能摸着墙行走。已知迷宫的地图如图 1.11 所示，小明当前可能处于迷宫中的任何位置，请设计一个算法，帮助小明走出迷宫，用自然语言表示算法。

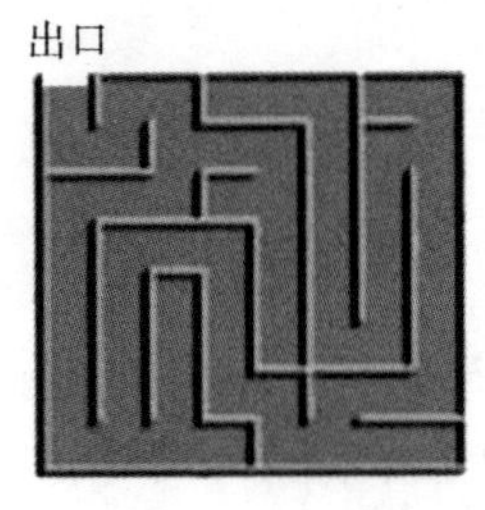

图 1.11　迷宫的地图

1.3　使用一根长度为 L cm 的铁丝，制作一个圆形框，要求计算该圆形框的面积 S，用自然语言、流程图、N-S 图、伪码等分别表示算法。

1.4　求 $s=1+2+3+\cdots+n$，用流程图、N-S 图分别表示算法。

1.5　描述使用一架天平和 1 g、2 g、5 g 3 种砝码，称取 4.5 g 食盐的算法，用任何一种算法表示均可。

1.6　设计一个算法，计算并输出一批数据中正数和负数的个数。这批数据由使用者从键盘输入，事先并不指定输入的数据个数，而是用输入 0 来表示输入结束(即所有有效的数据，其值均不为 0)，用流程图、N-S 图分别表示算法。

1.7　计算 1/1+1/2+1/3+…+1/10，用流程图或 N-S 图表示算法。

1.8　计算 1！+2！+3！+…+10!，用流程图或 N-S 图表示算法。

1.9　使用流程图或 N-S 图表示如下问题的算法：输入 3 条线段的长度 a、b、c，判断这 3 条线段能否构成一个三角形。若能，则输出“Y”；否则，输出“N”。

第 2 章　C/C++开发工具 Dev-C++的使用

2.1　C/C++开发工具 Dev-C++简介

Dev-C++是 Windows 下的 C/C++程序可视化集成开发环境，可以用此软件实现 C/C++程序的编辑、预处理、编译、链接、运行和调试。

Dev-C++开发环境使用 MinGW32/GCC 编译器，遵循 C/C++标准，包括多页面窗口、工程编辑器以及调试器等，在工程编辑器中集合了编辑器、编译器、连接程序和执行程序，提供高亮度语法显示，以减少编辑错误，具有完善的调试功能，能够满足初学者与编程高手的不同需求，是学习 C 语言或 C++的首选开发工具！

2.2　文件(项目)管理规划

在学习 Dev-C++可视化集成开发环境之前，首先对要设计的文件(或项目)做一个文件(项目)管理规划，即在系统文件之外，在不常用的 E 盘或 F 盘下建立一个子目录 E:\ C++或 F:\ C++,本课程所要设计的几十个文件(项目)，均放在该目录下，以便于查找、修改和使用。

在使用 C/C++的集成开发工具 Dev-C++之前，我们仍通过在屏幕上输出“Hello World!”这个简单的实例，学习 Dev-C++集成开发工具的使用方法。

【例 2.1】在屏幕上用 C++输出“Hello World!”。

【程序设计】

```
/* e2-1.cpp   C++框架文件,扩展名为 .cpp */
#include<iostream>
using namespace std;
int main( )
{
    cout<<"Hello World!"<<endl;
```

```
        return 0;
}
```

【运行结果】

Hello World!

2.3　Dev-C++的使用

2.3.1　启动 Dev-C++

双击桌面上的 Dev-C++快捷图标，启动 Dev-C++集成开发工具，如图 2.1 所示。如果看到界面上的字是英文的，则可以单击主菜单中的 Tools→Environment Options，在弹出的对话框中选择 General 选项卡，在 Language 下拉列表中选择“简体中文/Chinese”即可，如图 2.2 所示。

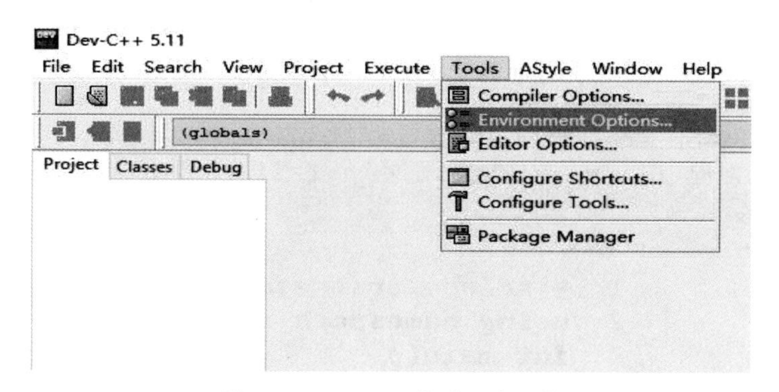

图 2.1　Dev-C++集成开发工具

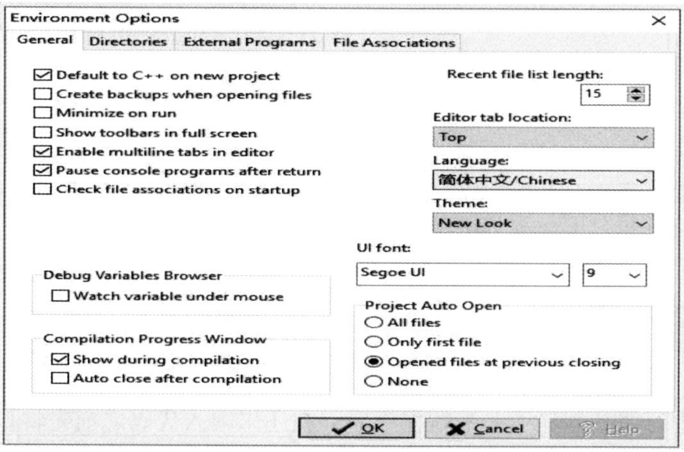

图 2.2　操作界面中的英文选择

2.3.2 新建源程序

新建源程序的操作是从主菜单中选择“文件”→“新建”→“源代码”，如图 2.3 所示。

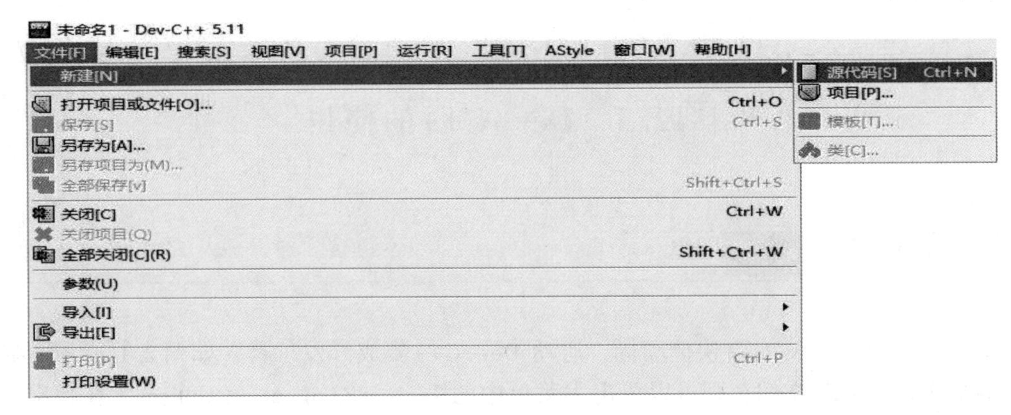

图 2.3 新建源程序

此时屏幕右下侧出现一片白色区域，称为“源程序编辑区域”，可以在此区域中输入例 2.1 的源程序，如图 2.4 所示。

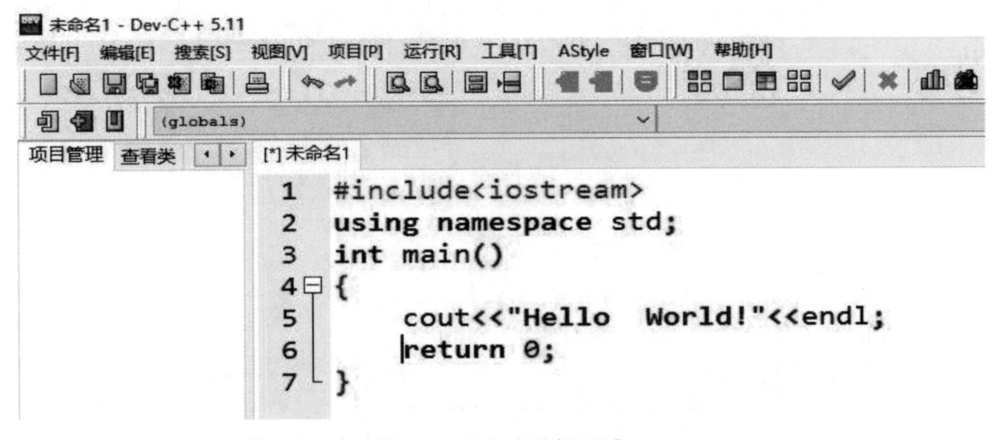

图 2.4 源程序编辑区域

【注意】

必须在英文输入环境下编辑程序（如果用户当前能在源程序编辑区域中输入中文，则说明处在中文输入环境下，为了输入程序，必须切换到英文输入环境下）。

2.3.3 保存源程序

一个好的编程习惯是创建了一个新程序后，在还未输入代码之前先将该程序保存到硬盘的某个目录下，然后在程序的编辑过程中经常性地进行保存，以防止机器突然断电或者死机。要保存程序，只需从主菜单中选择“文件”→“保存”，就可以将文件保存到指定的硬盘目录下，如图 2.5 所示。

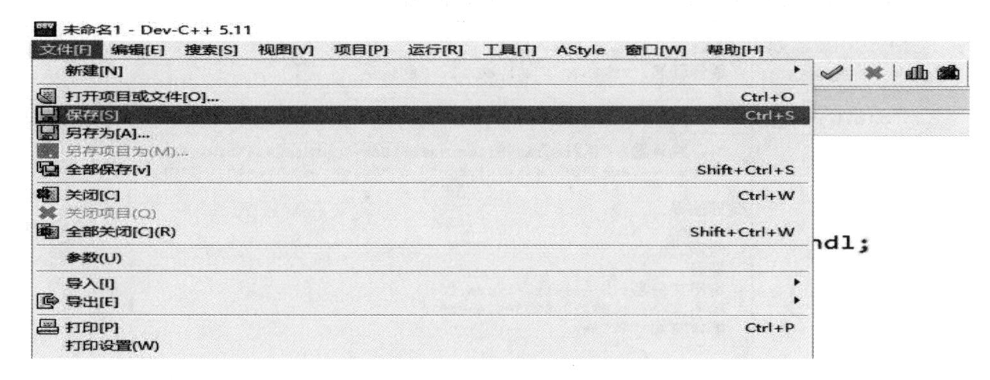

图 2.5　保存源程序到硬盘

此时会弹出一个对话框。在此用户需要指定文件要存放的磁盘目录(如 E:\ C++或 F:\ C++)，自定义文件名称(如 e2-1)，以及保存类型(. cpp)。在单击右下角的“保存”按钮后，在 E 盘或 F 盘的 C++目录下将会出现一个名为 e2-1. cpp 的源文件。

2.3.4　编译运行

编译运行的操作是从主菜单中选择“运行”→“编译运行”，或按快捷键〈F11〉。如果程序中存在词法、语法等错误，则编译失败，编译器会在屏幕下方的“编译器(1)”标签页中显示错误信息，并且将源程序相应的错误行标出，如图 2.6 所示。

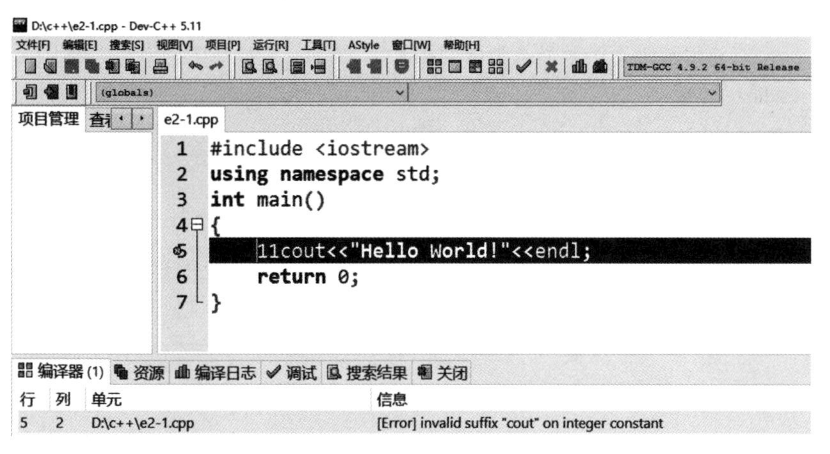

图 2.6　编译过程失败信息显示

2.3.5　重新编译、运行

修改后，从主菜单中选择“运行”→“编译运行”，或按快捷键〈F11〉。如果程序中无词法、语法等错误，则编译成功，输出运行结果。编译器会在屏幕下方的“编译日志”标签页中显示编译成功的信息，如图 2.7 所示。

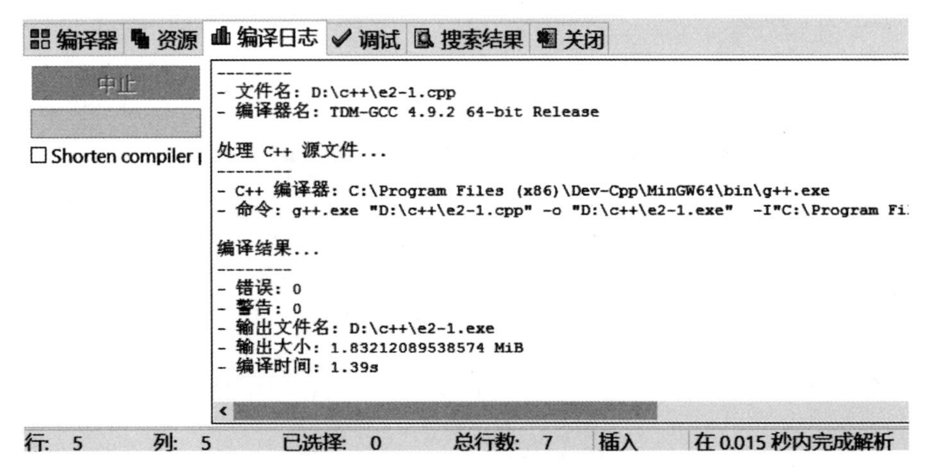

图 2.7　编译成功信息显示

至此，我们通过例 2.1 初步掌握了 C/C++的集成开发工具 Dev-C++的使用方法。现在，我们再通过另一个实例，继续学习 C/C++的集成开发工具 Dev-C++的使用方法，以及 C 语言框架文件的基本结构。

2.3.6　C 语言源程序与 C++源程序比较分析

【例 2.2】在屏幕上用 C 语言输出“Hello World!”。

【程序设计】

```
/* e2-2.cpp   C 语言框架文件,扩展名仍为 .cpp */
#include<cstdio>
using namespace std;
int main()
{
        printf("Hello World! \n");
        return 0;
}
```

【运行结果】

Hello World!

C 语言源程序与 C++源程序的比较如图 2.8 所示。

通过比较分析可以看出，C 语言源程序与 C++源程序的主要区别如下。

(1)头文件不同。C++使用的是流文件 <iostream>，C 语言使用的是标准输入/输出文件 <cstdio>。

(2)输出语句(或函数)不同。C++使用的是 cout，C 语言使用的是 printf()。

```
1  //e2-2.cpp C 语言框架文件,后缀仍为 .cpp
2  #include <cstdio>
3  using namespace std;
4  int main()
5  {
6      printf("Hello World!\n");
7      return 0;
8  }
```

(a)

```
1  /*C++源程序  C++框架文件,后缀为 .cpp*/
2  #include <iostream>
3  using namespace std;
4  int main()
5  {
6      cout<<"Hello World!"<<endl;
7      return 0;
8  }
```

(b)

图 2.8 C 语言源程序与 C++源程序的比较

(a)C 语言源程序;(b)C++源程序

2.4 Dev-C++的进一步使用

将处理问题的步骤编排好，用计算机语言组成序列，就是常说的编写程序。

在 C/C++中，执行每条语句都是由计算机完成相应的具体操作，编写程序是利用 C/C++语句的功能来实现预定的处理要求。

在学习 C/C++之前，我们绕过那些烦琐的语法规则细节，通过一些简单的例题，来熟悉程序的基本组成和基本语句的用法。

初学者刚接触编程时，多动手模仿是一条捷径。

【例 2.3】已知一位小朋友的电影票价是 10 元，计算 x 位小朋友的总票价。

【算法分析】

假设总票价用 y 来表示，则这个问题可以用以下 3 个步骤来实现。

(1)输入小朋友的人数 x。

(2)用公式 y=10*x 计算总票价。

(3)输出总票价 y 的值。

【程序设计，C++框架】

```
/* e2-3-1. cpp      C++框架,文件扩展名为 . cpp */
#include<iostream>
using namespace std;
int main( )
{
     int x,y;
     cout<<"Input x=";
     cin>>x;
     y=10*x;
     cout<<"total="<<y<<endl;
     return 0;
}
```

【程序解释】

```
/* e2-3-1. cpp      C++框架*/  //程序注释,"//"为另一种注释方法
                               //输入/输出流,使用 cin、cout,调用 iostream 库
                               //C++标准程序库中的所有标识符都被定义于
                               //一个名为 std 的 namespace 中
#include<iostream>
using namespace std;
int main( )                    //主程序开始,返回为整数
{
    int x,y;                   //定义整型变量
    cout<<"Input x=";          //输入提示
    cin>>x;                    //输入小朋友的人数
    y=10*x;                    //计算总票价
    cout<<"total="<<y<<endl;   //输出总票价
    return 0;                  //结束程序,在竞赛中必须返回 0,表示设计完成
}
```

【程序设计，C 语言框架】

```
/* e2-3-2. cpp   同一开发环境,文件扩展名仍为 . cpp */
#include<cstdio>
using namespace std;
int main( )
{
    int x,y;
    //cout<<"Input x=";
    //cin>>x;
    scanf( "% d",&x);
    y=10*x;
    printf( "total=% d\n",y);
    //cout<<"total="<<y<<endl;
    return 0;
}
```

【程序解释】

```
/* e2-3-2. cpp      C 语言传统输入 scanf( )、输出 printf( )*/
#include<cstdio>              //printf 和 scanf 调用 cstdio 库,在 C 语言中可调用 stdio. h 库
using namespace std;          //C++标准程序库中的所有标识符都被定义于
                              //一个名为 std 的 namespace 中
int main( )                   //主程序开始,返回为整数
{
    int x,y;                  //定义整型变量
    //cout<<"Input x=";
    //cin>>x;
```

```
    scanf( "% d",&x);                    //输入提示,在竞赛中不能有"人工参与"
    y=10*x;                              //计算总票价
    printf( "total=% d\n",y);            //输出总票价
    //cout<<"total="<<y<<endl;
    return 0;                            //程序运行结束,在竞赛中必须有返回
}
```

至此，我们基本上掌握了 C/C++的集成开发工具 Dev-C++的使用方法，可以开始 C/C++程序设计了。

课外设计作业

查找相关资料，选择 2～3 个简单的 C 语言框架或 C++框架程序，利用 C/C++的集成开发工具 Dev-C++编辑、编译运行，并对其程序结构进行简要分析。

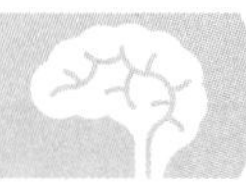

第3章 C/C++程序设计基础

3.1 程序设计基本知识

3.1.1 位和字节

1. 位(bit)

位(bit)是计算机中最基本的单位，每一位的状态只能是0或1。在计算机中信息的表示方式为一串逻辑0和逻辑1组成的二进制码，如10110111，其中每一个逻辑0或逻辑1便是1位，共有8位。

2. 字节(Byte)

在计算机数据存储中，存储数据的基本计量单位是字节(Byte)。8个bit组成一个Byte，能够容纳一个英文字符。例如，字符A用01000001表示。一个汉字需要两个字节的存储空间。

计算机的工作原理是通过高低电平(高电平为1，低电平为0)产生的 二 进制算法进行运算，所以我们购买的硬盘通常使用1 024进位。

1 KB=1 024 B=2^{10} B

1 024个字节就是1 KByte(千字节)，简写为1 KB。

3. 计算机常用的存储单位

8 bit=1 Byte(字节)

1 024 B=1 KB(KiloByte，千字节)

1 024 KB=1 MB(MegaByte，兆字节)

1 024 MB=1 GB(GigaByte，吉字节)

1 024 GB=1 TB(TeraByte，太字节)

1 024 TB=1 PB(PetaByte，拍字节)

1 024 PB=1 EB(ExaByte，艾字节)

1 024 EB=1 ZB(ZetaByte，泽字节)

1 024 ZB=1 YB(YottaByte，尧字节)

1 024 YB=1 BB(Brontobyte，珀字节)

1 024 BB=1 NB(NonaByte，诺字节)

1 024 NB=1 DB(DoggaByte，刀字节)

4. 字(word)

字(word)是计算机进行数据处理和运算的单位。字由若干字节组成，字的位数称为字长，不同类型计算机有不同的字长。例如，1 台 8 位机，它的一个字就等于 1 个字节，字长为 8 位。如果是一台 32 位机，则它的一个字由 4 个字节构成，字长为 32 位。

3.1.2　基本数制

所谓数制，就是利用符号和一定的规则进行计数的方法。在日常生活中，人们习惯的计数方法是十进制，而数字电路中只有两种电平特性，即高电平和低电平，这也就决定了数字电路中使用的是二进制。

1. 十进制

十进制数大家都很熟悉，其特点如下。

(1)数码，表示数的符号。十进制数共有 10 个基本数码，即 0、1、2、3、4、5、6、7、8、9，逢十进一，借一当十。

(2)基数，为数码的个数。十进制数的基数是 10，即采用 10 个基本数码，任何一个十进制数都可以用 10 个数码按一定规律排列起来表示。

(3)位权，每一位所具有的值。0~9 这 10 个数可以用一位数码表示，10 以上的数则要用两位以上的数码表示。例如数 12，右边的“2”为个位数，左边的“1”为十位数，也就是 $12=1\times10^1+2\times10^0$。因此，每一数码处于不同位置时，它代表的数制是不同的，即不同的数位有不同的位权。

十进制数表示的数值等于其各位加权系数之和，如数 9 876 可表示为

$$9\ 876=9\times10^3+8\times10^2+7\times10^1+6\times10^0$$

其中，每位的位权分别为 10^3、10^2、10^1、10^0。

一般地，任意一个 n 位十进制正整数 $(D)_{10}$ 均可表示为

$$(D)_{10}=k_{n-1}\times10^{n-1}+k_{n-2}\times10^{n-2}+\cdots+k_1\times10^1+k_0\times10^0$$

其中，下脚注 10 表示括号内的数是一个十进制数，也可以用下脚注 D(Decimal)表示。k_i 是第 i 位的系数，为 0~9 当中的某一个数。如果一个数的整数部分有 n 位，小数部分有 m 位，则 i 的取值为 $-m\sim(n-1)$ 之间(含 $-m$ 和 $n-1$)的所有整数。

十进制数 7 564 和 2 015.21 可表示为

$$(7\ 564)_D=(7\ 564)_{10}=7\times10^3+5\times10^2+6\times10^1+4\times10^0$$

$$(2\ 015.21)_D=(2\ 015.21)_{10}=2\times10^3+0\times10^2+1\times10^1+5\times10^0+2\times10^{-1}+1\times10^{-2}$$

2. 二进制

二进制数是计算机中广泛采用的一种数制，其特点如下。

(1)数码。二进制用 0 和 1 两个符号表示，逢二进一，借一当二。

(2)基数。二进制数的基数是 2，即采用 2 个基本数码，任何一个二进制数都可以用两个数码按一定规律排列起来表示。

(3)位权。二进制数的各位位权分别为 2^0、2^1、2^2、2^3…，任意一个 n 位二进制正整数均可表示为

$$(D)_2 = k_{n-1} \times 2^{n-1} + k_{n-2} \times 2^{n-2} + \cdots + k_1 \times 2^1 + k_0 \times 2^0$$

其中，下脚注 2 表示括号内的数是一个二进制数，也可以用下脚注 B(Binary)表示。二进制数表示的数值等于其各位加权系数之和。例如，二进制数 1011 可表示为

$$(1011)_B = (1011)_2 = 1\times2^3+0\times2^2+1\times2^1+1\times2^0$$

3. 十六进制

二进制数太长了，书写不方便并且很容易出错，而转换成十进制数又太麻烦，所以就出现了十六进制数。中国历史上曾在质量单位上用过十六进制数，如“半斤八两”，即 16 两为一斤。现在，十六进制数普遍应用在计算机领域。十六进制数的特点如下。

(1)数码。十六进制数用 0、1、2、3、4、5、6、7、8、9、A、B、C、D、E、F 等 16 个符号表示，其中数值 10 ~ 15 分别用 A ~ F 表示，逢十六进一，借一当十六。

(2)基数。十六进制数的基数是 16，即采用 16 个基本数码，任何一个十六进制数都可以用 16 个数码按一定规律排列起来表示。

(3)位权。十六进制数的各位位权分别为 16^0、16^1、16^2、16^3…，任意一个 n 位十六进制正整数均可表示为

$$(D)_{16} = k_{n-1} \times 16^{n-1} + k_{n-2} \times 16^{n-2} + \cdots + k_1 \times 16^1 + k_0 \times 16^0$$

其中，下脚注 16 表示括号内的数是一个十六进制数，也可以用下脚注 H(Hexadecimal)表示。十六进制数表示的数值等于其各位加权系数之和。例如，十六进制数 FE98 可表示为

$$(FE98)_H = (FE98)_{16} = 15\times16^3+14\times16^2+9\times16^1+8\times16^0 = (65\ 176)_{10}$$

4. 八进制

在计算机中，八进制数有时可以取代十六进制数，如 Linux 系统的文件权限设置。八进制数的特点如下。

(1)数码。八进制数用 0、1、2、3、4、5、6、7 等 8 个符号表示，逢八进一，借一当八。

(2)基数。八进制数的基数是 8，即采用 8 个基本数码，任何一个八进制数都可以用 8 个数码按一定规律排列起来表示。

(3)位权。八进制数的各位位权分别为 8^0、8^1、8^2、8^3…，任意一个 n 位八进制正整数均可表示为

$$(D)_8 = k_{n-1} \times 8^{n-1} + k_{n-2} \times 8^{n-2} + \cdots + k_1 \times 8^1 + k_0 \times 8^0$$

其中，下脚注 8 表示括号内的数是一个八进制数，也可以用下脚注 O(Octa)表示。八进制数表示的数值等于其各位加权系数之和。例如，八进制数 7651 可表示为

$$(7651)_O = (7651)_8 = 7\times8^3+6\times8^2+5\times8^1+1\times8^0 = (4\ 009)_{10}$$

5. *R* 进制

综上所述，对于一个 R ($R \geq 2$)进制数，基数为 R，可以用 R 个符号表示一个 R 进制数，遵循“逢 R 进一，借一当 R ”的原则。R 进制数的各位位权分别为 R^0、R^1、R^2、

R^{3} …，任意一个 n 位 R 进制正整数均可表示为

$$(D)_R = k_{n-1} \times R^{n-1} + k_{n-2} \times R^{n-2} + \cdots + k_1 \times R^1 + k_0 \times R^0$$

其中，下脚注 R 表示括号内的数是一个 R 进制数，k_i 表示第 i 位的系数，R_i 为第 i 位的位权。R 进制数表示的数值等于其各位加权系数之和。

3.1.3　数制相互之间的转换

1. 二进制数、八进制数、十六进制数转换成十进制数

二进制数、八进制数、十六进制数转换成十进制数的方法是按权相加，即求出各位加权系数之和，得到相应的十进制数。

【例 3.1】二进制数、八进制数、十六进制数转换成十进制数示例。

解答：

$$(111011)_2 = 1\times2^5+1\times2^4+1\times2^3+0\times2^2+1\times2^1+1\times2^0=(59)_{10}$$

$$(1234)_8 = 1\times8^3+2\times8^2+3\times8^1+4\times8^0=(668)_{10}$$

$$(\text{F2E. A8})_{16} = 15\times16^2+2\times16^1+14\times16^0+10\times16^{-1}+8\times16^{-2}=(3\ 886.656\ 25)_{10}$$

2. 十进制数转换成二进制数、八进制数、十六进制数

将十进制数转换成二进制数、八进制数、十六进制数时，整数部分和小数部分应分别转换。

对于整数部分，可以采用"除 R 倒取余数法"，R 代表要转换成数制的基数，步骤如下。

(1)把该十进制数的整数部分除以基数 R，取余数，即为最低位的数码 k_0。

(2)将前一步得到的商除以基数 R，再取余数，即得次低位的数码 k_1。

(3)重复以上过程，直到商为 0 结束，最后得到的余数，即为最高位的数码 k_{n-1}。

对于小数部分，可以采用"乘 R 顺取整数法"，R 代表要转换成数制的基数，步骤如下。

(1)把该十进制数的小数部分乘以基数 R，取整数，即得小数的最高位数码 k_{-1}

(2)将前一步得到的乘积的小数部分再乘以基数 R，再取整数，即得小数的次低位数码 k_{-2}。

(3)重复以上过程，直到乘积为 0，或者达到所需求的精度为止。最后一次取的整数为小数的最低位数码 k_{-m}。

【例 3.2】把十进制数 987 转换成十六进制数。

解答：

```
16 | 987   ——  11,B
   16 | 61    ——  13,D
      16 | 3  ——  3
           0
```

因此，$(987)_{10}=(3\text{DB})_{16}$。

【例 3.3】把十进制数 75.56 转换成二进制数(误差 $\varepsilon< 1/2^6$)。

解答：

(1)整数部分，采用"除 2 倒取余数法"转换。

```
2 | 75    —— 1
 2 | 37   —— 1
  2 | 18  —— 0
   2 | 9  —— 1
    2 | 4 —— 0
     2 | 2 —— 0
      2 | 1 —— 1
          0
```

(2)小数部分，采用“乘 2 顺取整数法”转换。

$$0.56\times2=1.12\cdots\cdots1$$
$$0.12\times2=0.24\cdots\cdots0$$
$$0.24\times2=0.48\cdots\cdots0$$
$$0.48\times2=0.96\cdots\cdots0$$
$$0.96\times2=1.92\cdots\cdots1$$
$$0.92\times2=1.84\cdots\cdots1$$

因此，$(75.56)_{10}=(1001011.100011)_2$，转换到第六位小数时误差 $\varepsilon<1/2^6$。

3. 二进制数与十六进制数的相互转换

1)将二进制正整数转换为十六进制数

将二进制数从右向左开始，每 4 位分为一组，不足 4 位左补 0，每组都相应转换为十六进制数。

【例 3.4】将二进制数 11010110111101 转换成十六进制数。

解答：

二进制　　0011　0101　1011　1101

十六进制　　3　　5　　B　　D

因此，$(11010110111101)_2=(35BD)_{16}$。

2)将十六进制正整数转换为二进制数

将十六进制数的每一位转换为相应的 4 位二进制数即可。

【例 3.5】将十六进制数 F9E8 转换成二进制数。

解答：

十六进制　F　9　E　8

二进制　1111 1001 1110 1000

因此，$(F9E8)_{16}=(1111100111101000)_2$。

4. 二进制数与八进制数的相互转换

1)将二进制正整数转换为八进制数

将二进制数从右向左开始，每 3 位分为一组，不足 3 位左补 0，每组都相应转换为八进制数。

【例 3.6】将二进制数 11010110111101 转换成八进制数。

解答：

二进制　011 010 110 111 101

八进制　3　2　6　7　5

因此，$(11010110111101)_2=(32675)_8$。

2)将八进制正整数转换为二进制数

将八进制数的每一位转换为相应的3位二进制数即可。

【例3.7】将八进制数7654转换成二进制数。

解答：

八进制　　7　6　5　4

二进制　111 110 101 100

因此，$(7654)_8=(111110101100)_2$。

5. 各进制数之间的相互转换

一个4位二进制数共有16个数，正好对应十六进制的16个数码，这样，一个1位十六进制数与一个4位二进制数形成一一对应的关系。关于十进制、二进制与十六进制数之间的相互转换，要熟悉0~15之间的数的相互转换。十进制、二进制与十六进制0~15的对应关系如表3.1所示。表中的二进制数不足4位的均在其前面补0。

表3.1　十进制、二进制与十六进制0~15的对应关系

十进制	二进制	十六进制	十进制	二进制	十六进制
0	0000	0	8	1000	8
1	0001	1	9	1001	9
2	0010	2	10	1010	A
3	0011	3	11	1011	B
4	0100	4	12	1100	C
5	0101	5	13	1101	D
6	0110	6	14	1110	E
7	0111	7	15	1111	F

在编程时常常会碰到其他较大的数，这时可用Windows系统自带的计算器，非常方便地进行二进制、八进制、十进制、十六进制数之间的任意转换。首先打开附件中的计算器，选择“查看”→“程序员”，其界面如图3.1所示。然后选择一种进制，输入数值，再单击需要转换的进制，即可得到相应进制的数。

图3.1　Windows系统自带的计算器界面

3.1.4 数值编码

编码是信息从一种形式或格式转换为另一种形式或格式的过程。常用的编码有两类：一类是十进制编码，如美国标准信息交换码(American Standard Code for Information Interchange, ASCII)；另一类是二进制编码，如数的机器码表示、二-十进制码(Binary-Coded Decimal, BCD)、奇偶校验码等。

1. ASCII 码

ASCII 码是一套基于拉丁字母的字符编码，主要用于显示现代英语，共收录了 128 个字符。ASCII 码是现今最通用的单字节编码系统，被国际标准化组织(International Organization for Standardization, ISO)定为国际标准，广泛应用于通信和计算机中，ASCII 码一览表详见附录一。

标准 ASCII 码也称为基础 ASCII 码，使用 7 位二进制数来表示所有的大写和小写字母、数字 0~9、标点符号和一些特殊控制字符，其最高位用作奇偶校验位。例如，0~9 可用 ASCII 码 48~57 分别表示，A~Z 可用 ASCII 码 65~90 分别表示，a~z 可用 ASCII 码 97~122 分别表示。据此，我们可以按照 ASCII 码值对大小写字母进行相应的转换，或转换为不同的字母，或对一段文字进行加密或破译，或对某一文本文件进行简单的加密或解密处理等。

2. 数的机器码表示

在生活中，数有正负之分，用“+”表示正，用“-”表示负。但在数字设备中，机器是不认识这些的。因此，在计算机中为了表示正负数，在数的最高位前设置一个符号位，并规定符号为 0 时表示该数为正数，符号为 1 时表示该数为负数，这种带有符号位的数称为机器数，机器数有原码、反码、补码 3 种表示形式。

为了便于运算，数字设备中的数常用补码进行存储和运算。在计算机中，实际上只有加法运算，而减法和乘法运算要转换为加法运算，除法运算转换为减法运算。

1)原码

二进制原码的最高位为符号位，其余各位为数值本身的绝对值，又称“符号+绝对值”表示法。符号位 0 表示正数，符号位 1 表示负数。

例如，$(+99)_{10}$ 的带符号位 8 位原码表示为$(01100011)_{原}$，其中最高位的 0 代表正数符号位，后 7 位代表 99 这个数的二进制表示法；$(-99)_{10}$ 的带符号位 8 位原码表示为$(11100011)_{原}$，其中最高位的 1 代表负数符号位，后 7 位代表-99 这个数的二进制表示法。

0 的原码有两种表示形式：$(+0)_{原}=00000000$，$(-0)_{原}=10000000$，机器遇到这两种情况都当作 0 处理。

原码表示简单易懂，但在进行加、减运算时，符号位不能直接参与运算，而是要分别计算符号位和数值位。当两数相加时，如果是同号，则数值相加；如果是异号，则要进行加、减运算，此时还要比较两数绝对值的大小，先用大数减去小数，最后判断符号位，这样会导致运算速度降低。为了解决该问题，引入数的反码和补码表示法。

2)反码

引入反码是便于求负数的补码。二进制反码表示法的规则：正数的反码与原码相同；负数的反码是符号位为 1，数值是对应原码的各位取反。

例如，$(+99)_{10}$ 的带符号位 8 位反码表示为$(01100011)_{反}$，与原码相同；$(-99)_{10}$ 的带符号位 8 位反码表示为$(10011100)_{反}$，其中最高位的 1 代表负数符号位，后 7 位是-99 的原码各位取反。

0 的反码有两种表示形式：$(+0)_{反}=00000000$，$(-0)_{反}=11111111$。

3）补码

补码是为了解决负数在计算机中的表示问题，最终是为了解决计算机的减法运算问题。计算机中采用补码的根本原因是设计硬件简单。

二进制补码表示法的规则：正数的补码与原码相同；负数的补码是符号位为 1，数值是对应原码的各位取反（求其反码），然后在最低位对整个数加 1。

例如，$(+99)_{10}$ 的带符号位 8 位补码表示为$(01100011)_{补}$，与原码相同；$(-99)_{10}$ 的补码可表示为$(10011101)_{补}$，其中最高位的 1 代表负数符号位，后 7 位是-99 的原码各位取反后加 1。

0 的补码只有一种形式：$(+0)_{补}=(-0)_{补}=00000000$。

一个负数的二进制补码转换成十进制数的规则：最高位不变，其余位取反后加 1 得到原码。例如，十进制数-7 的补码为 11111001，取反后为 10000110（符号位不变），然后加 1 得 10000111，即十进制数-7。

采用补码表示法进行二进制数的加、减运算，符号位可以和数值位一起参与运算，减法运算可以转换为加法运算，得到的运算结果是补码的形式。两个补码的符号位和数值部分产生的进位相加得到的和，就是运算结果的符号。在用补码计算时，要注意补码的位数必须足够多，能表示运算的绝对值，否则会得到错误的运算结果。

在计算机中数据用补码表示，利用补码统一了符号位与数值位的运算，同时解决了+0、-0 问题，将空出来的二进制原码 10000000 表示为-128，这也符合逻辑意义的完整性。因此，8 位二进制数的取值范围为-128～+127。

【例 3.8】若 $a=13$，$b=21$，计算 $a-b$ 的值。

解答：

用补码的计算方法如下：

$$a-b=a+(-b)=(a)_{补}+(-b)_{补}=(13)_{补}+(-21)_{补}$$

因为$(13)_{补}=00001101$，$(-21)_{补}=11101011$，则 $a-b=11111000$。

结果为补码，转换为原码为 10001000，所以 $a-b$ 的结果为-8。

表 3.2 给出了几个数的原码、反码、补码的对照表（8 位表示）。

表 3.2　原码、反码、补码的对照表（8 位表示）

十进制数	二进制数		
	原码	反码	补码
+0	00000000	00000000	00000000
-0	10000000	11111111	00000000
+1	00000001	00000001	00000001
-1	10000001	11111110	11111111
+7	00000111	00000111	00000111

续表

十进制数	二进制数		
	原码	反码	补码
-7	10000111	11111000	11111001
数值范围	11111111 ~ 01111111 (-127 ~ -0, +0 ~ +127)	11111111 ~ 01111111 (-127 ~ -0, +0 ~ +127)	10000000 ~ 01111111 (-128 ~ 0 ~ +127)

3. BCD 码

用4位二进制数来表示1位十进制数中的0～9这10个数码，是一种二进制的数字编码形式，用二进制编码的十进制代码。BCD码这种编码形式利用了4个位元来储存一个十进制的数码，使二进制数和十进制数之间的转换得以快捷地进行。相对于一般的浮点式记数法，采用BCD码，既可保证数值的精确度，又可免去使计算机做浮点运算时所耗费的时间。此外，对于其他需要高精确度的计算，BCD码也很适用。

由于十进制数共有0、1、2、…、9十个数码，因此，至少需要4位二进制码来表示1位十进制数。4位二进制码共有$2^4=16$种码组，在这16种码组中，可以任选10种来表示10个十进制数码，共有$N=16!/[10!\times(16-10)!]=8\,008$种方案。

BCD码又分为有权BCD编码和无权BCD编码。有权BCD码，二进制的每一位有固定的权值；无权BCD码，二进制的每一位没有固定的权值。几种常见的BCD码如表3.3所示。

表3.3　几种常见的BCD码

十进制数	8421 BCD 码	5421 BCD 码	2421 BCD 码	余3码	余3循环码
0	0000	0000	0000	0011	0010
1	0001	0001	0001	0100	0110
2	0010	0010	0010	0101	0111
3	0011	0011	0011	0110	0101
4	0100	0100	0100	0111	0100
5	0101	1000	1011	1000	1100
6	0110	1001	1100	1001	1101
7	0111	1010	1101	1010	1111
8	1000	1011	1110	1011	1110
9	1001	1100	1111	1100	1010

1)8421 BCD码

8421 BCD码是最基本和最常用的BCD码，它和4位自然二进制码相似，各位的权值为8、4、2、1，故称为有权BCD码。与4位自然二进制码不同的是，它只选用了4位二进制码中的前10组代码，即用0000～1001分别代表它所对应的十进制数，余下的6组代码不用。

2)5421 BCD码和2421 BCD码

5421 BCD 码和 2421 BCD 码是有权 BCD 码，它们从高位到低位的权值分别为 5、4、2、1 和 2、4、2、1。这两种有权 BCD 码中，有的十进制数码存在两种加权方法。例如，5421 BCD 码中的数码 5，既可以用 1000 表示，也可以用 0101 表示；2421 BCD 码中的数码 6，既可以用 1100 表示，也可以用 0110 表示。这说明 5421 BCD 码和 2421 BCD 码的编码方案都不是唯一的，表 3.3 只列出了一种编码方案。

表 3.3 中 2421 BCD 码的 10 个数码中，0 和 9、1 和 8、2 和 7、3 和 6、4 和 5 的代码对应位恰好一个是 0 时，另一个就是 1。因此，称 0 和 9、1 和 8、2 和 7、3 和 6、4 和 5 互为反码。

3)余 3 码

余 3 码是 8421 BCD 码的每个码组加 3(0011) 形成的，常用于 BCD 码的运算电路中。

4)余 3 循环码

余 3 循环码是无权编码，即每个编码中的 1 和 0 没有确切的权值，整个编码直接代表一个数值。其主要优点是相邻编码只有一位变化，避免了过渡码产生的“噪声”。

5)BCD 码的运算法则

BCD 码是十进制数，而运算器对数据做加、减运算时，都是按二进制数运算规则进行处理的。这样，当将 BCD 码传送给运算器进行运算时，其结果需要修正。修正的规则如下。

(1)当两个 BCD 码相加，如果和等于或小于 1001(即十进制数 9)，则不需要修正。

(2)如果相加之和在 1010 ~ 1111(即十六进制数 0AH ~ 0FH)之间，则需加 6 进行修正。

(3)如果相加时，本位产生了进位，则需加 6 进行修正。

这样做的原因是，机器按二进制相加，所以当 4 位二进制数相加时，是按“逢十六进一”的原则进行运算的，而实质上是两个十进制数相加，应该按“逢十进一”的原则进行运算，16 与 10 相差 6，所以当和超过 9 或有进位时，都要加 6 进行修正，下面举例说明。

【例 3.9】需要修正 BCD 码运算值的举例。

(1)计算 5+8。

(2)计算 8+8。

解答：

(1)将 5 和 8 以 8421 BCD 码输入机器，则运算如下：

```
      0 1 0 1
   +) 1 0 0 0
      1 1 0 1 结果大于 9
   +) 0 1 1 0 加 6 修正
    1 0 0 1 1 即 13 的 BCD 码
```

结果是 0011，即十进制数 3，还产生了进位。5+8 = 13，结论正确。

(2)将 8 和 8 以 8421 BCD 码输入机器，则运算如下：

```
      1000
   +)1000
     10000 产生进位
   +)0110 加 6 修正
     10110 即 16 的 BCD 码
```

结果是 0110，即十进制数 6，而且产生了进位。8+8 = 16，结论正确。

4. 奇偶校验码

奇偶校验码是奇校验码和偶校验码的统称，它们都是通过在要校验的编码上加 1 位校验位组成。

在数据的存取、运算和传送过程中，难免会发生错误，即把“1”错当成“0”，或把“0”错当成“1”。奇偶校验码就是一种能检验这种错误的编码，如果是奇校验，则加上校验位后，编码中 1 的个数为奇数个；如果是偶校验，则加上校验位后，编码中 1 的个数为偶数个。例如，几个 8 位数的原编码，其奇偶校验码如表 3.4 所示。

表 3.4 奇偶校验码

原编码	奇校验	偶校验
00000000	00000000 1	00000000 0
00100001	00100001 1	00100001 0
11000111	11000111 0	11000111 1
10101010	10101010 1	10101010 0

3.2 标识符与关键字

标识符是指常量、变量、语句标号以及用户自定义函数的名称。计算机程序处理的对象是数据，编程是描述对数据处理的过程，在程序中通过“名字”建立定义与使用的关系，即标识符，如 int、char、a、b 等。关键字是指系统预定义的保留标识符，又称之为保留字，它们有特定的含义，不能再作其他用途使用，如 int、char 等，C 语言关键字排列如下。

asm	do	if	return	typedef
auto	double	inline	short	typeid
bool	dynamic_cast	int	signed	typename
break	else	long	sizeof	union
case	enum	mutable	static	unsigned
catch	explicit	namespace	static_cast	using
char	export	new	struct	virtual
class	extern	operator	switch	void
const	false	private	template	volatile
const_cast	float	protected	this	wchar_t
continue	for	public	throw	while
default	friend	register	true	
delete	goto	reinterpret_cast	try	

标识符必须满足以下规则。

(1)标识符只能是由字母(A~Z、a~z)、数字(0~9)、下划线(_)组成的字符串，并且其第一个字符必须是字母或下划线“_”，而不能是数字或其他符号。例如，x、abc、_above等，这些标识符是合法的；3com、-ax、7days、#33 等，这些标识符是不合法的。

(2)标识符只有前 32 个字符有效。

(3)C 语言中大小写字母是敏感的，即在标识符中，大写字母和小写字母代表不同的意义。例如，Name 和 name 是两个不同的标识符。

(4)标识符不能使用系统关键字，因为关键字是系统的保留字，它们已有特定的含义。

3.3 数据类型

在 C/C++中，按照被定义变量的性质、表示形式、占据存储空间的大小等特点，数据类型可分为 5 类：基本类型、构造类型、指针类型、引用类型、空类型，如图 3.2 所示。

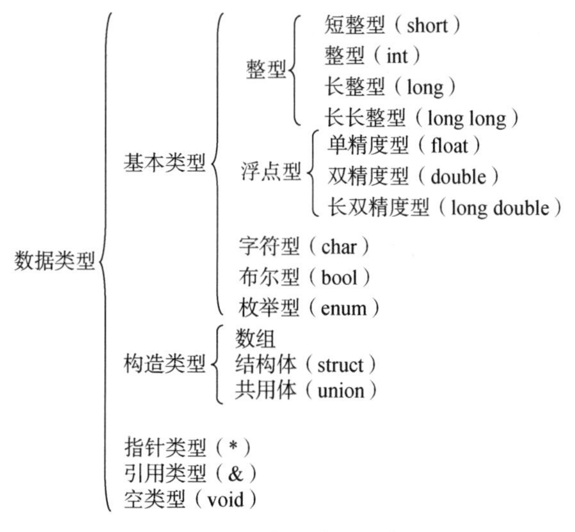

图 3.2 数据类型分类

1. 基本类型

基本类型包括整型、浮点型、字符型、布尔型、枚举型等。基本类型的数据是不可以再分解为其他类型的，即基本类型是自我说明的。

归纳起来，C/C++定义了 8 种整型，分别是短整型(short 或 short int)、无符号短整型(unsigned short 或 unsigned short int)、整型(int)、无符号整型(unsigned int)、长整型(long 或 long int)、无符号长整型 (unsigned long 或 unsigned long int)、长长整型(long long 或 long long int)、无符号长长整型 (unsigned long long 或 unsigned long long int)等。C/C++ 没有规定各种整数类型的表示范围，即没有规定各种整数的二进制编码长度(数据在内存中所占的位数)。因此，在使用不同的操作系统或不同的操作平台时，有可能存在相同的整型，其二进制编码长度并不一致的现象。

浮点型数据又称实型数据，C/C++ 提供了 3 种表示实数的类型：单精度浮点数类型（简称单精度型或浮点型 float）、双精度浮点数类型（简称双精度型 double）、长双精度型（long double）等。对于长双精度型，不同的操作系统或不同的操作平台也存在编码长度并不一致的现象，其字节数分别为 8 字节、10 字节或 16 字节。

字符型数据包括计算机所用编码字符集中的所有字符，类型说明符为 char。常用的 ASCII 字符集包括所有大小写英文字母、数字、各种标点符号字符，还有一些控制字符，共 128 个。扩展的 ASCII 字符集包括 ASCII 字符集中的全部字符和另外的 128 个字符，总共 256 个字符。字符型的数据在内存中存储的是其 ASCII 码值，一个字符通常占用一个字节的内存空间。除了占用的存储空间不同（因而数据的取值范围不同）以外，字符型数据与整型数据是相似的。

为了方便处理，C/C++ 规定字符型与整型基本一致，即也包括有符号和无符号两种类型。由于 ASCII 码字符的取值范围是 0～127，因此，既可以用 char 型表示，也可以用 unsigned char 型表示；扩展 ASCII 码字符的取值范围是 0～255，因此，在 128～255 范围内的扩展 ASCII 码字符只能用 unsigned char 型表示。

布尔型是 C++ 新增的一种基本数据类型。它的名称来源于英国数学家 George Boole，因为是他开发了逻辑律的数学表示法，其类型说明符为 bool。C++ 中的 bool 的取值只有 true 和 false 两种，非零值被转为 true，零被转为 false。

枚举型在 C++ 中是一种基本数据类型而不是构造数据类型，而在 C 语言等计算机编程语言中是一种构造数据类型。它用于声明一组命名的常数，当一个变量有几种可能的取值时，可以将它定义为枚举型类型，说明符为 enum。

枚举常量代表该枚举型的变量可能取的值，编译系统为每个枚举常量指定一个整数值，默认状态下，这个整数值就是所列举元素的序号，序号从 0 开始。可以在定义枚举型时为部分或全部枚举常量指定整数值，在指定整数值之前的枚举常量仍按默认方式取值，而指定整数值之后的枚举常量按依次加 1 的原则取值。各枚举常量的值可以重复。枚举型最常见也最有意义的用处之一就是用来描述状态量，定义枚举型的主要目的是增加程序的可读性。

每种类型的数据在内存中所占用的存储空间或字节长度，可用内存容量测试函数 sizeof( ) 来测试。sizeof 是一个操作符，其作用是返回一个对象或类型所占的内存字节数，实际上是获取了数据在内存中所占用的存储空间，以字节为单位来计数。

表 3.5 所示为 32 位计算机中典型的基本数据类型的位长和取值范围，不同编译器可能使用不同的数据位长和范围。

表 3.5　基本数据类型

名称	占用空间	别名	数据范围
short	2	short int，signed short int	−32 768～32 767，即 $-2^{15}\sim 2^{15}-1$
unsigned short	2	unsigned short int	0～65 535，即 $0\sim 2^{16}-1$
int	4	signed，signed int，long，long int	$-2^{31}\sim 2^{31}-1$

续表

名称	占用空间	别名	数据范围
unsigned int	4	unsigned，unsigned long，unsigned long int	$0 \sim 2^{32}-1$
long long	8	signed long long，long long int	$-2^{63} \sim 2^{63}-1$
unsigned long long	8	unsigned long long int	$0 \sim 2^{64}-1$
float	4	单精度	$-3.40\times10^{38} \sim 3.40\times10^{38}$（6～7位有效数字）
double	8	双精度	$-1.79\times10^{308} \sim 1.79\times10^{308}$（15～16位有效数字）
long double	16	长双精度	$-1.79\times10^{4932} \sim 1.79\times10^{4932}$（18～19位有效数字）
char	1	signed char	$-128 \sim 127$，即 $-2^{7} \sim 2^{7}-1$
unsigned char	1		$0 \sim 255$，即 $0 \sim 2^{8}-1$
bool	1	布尔	true 或 false

2. 构造类型

构造类型是根据已定义的一个或多个基本类型构造的方法来定义的，也就是说，一个构造类型的值可以分解成若干成员或元素，每个成员都是一个基本类型或有一个构造类型。

构造类型主要有数组、结构体、共用体(或联合体)等。

3. 指针类型

指针是一种特殊的、很重要的数据类型，用来表示某个变量在内存储器中的地址，类型说明符为 * 。指针变量的取值类似整型量，但这是两个类型完全不同的量。

4. 引用类型

引用类型是C++的一种新的变量类型，是对C语言的一个重要补充，它的作用是为变量起一个别名，除了定义时指定的被引用变量外，不能再引用其他变量，其类型说明符为&。该变量没有自己的内存空间，而是与另一个变量共享同一个内存空间，它的主要功能是传递函数的参数和返回值。

5. 空类型

在调用函数时，通常应向调用者返回一个函数值，该返回值具有一定的数据类型，应在函数定义时说明。但有时函数调用后并不需要向调用者返回函数值，这种函数可定义为空类型，其类型说明符为 void。

3.4 变量与常量

基本类型按取值是否可改变，可以分为变量和常量两类。在程序执行过程中，其值可变的量称为变量，其值不发生变化的量称为常量。变量必须先定义后使用，而常量是可以不经说明而直接引用的。它们可与数据类型结合起来进行分类，如整型变量、整型常量、浮点型变量、浮点型常量、字符变量、字符常量、枚举变量、枚举常量等。在C++中，基本类型还有布尔变量、布尔常量等。

3.4.1 变量

1. 变量的定义

变量为其值可变的量。每一个变量都应该有一个名字，在内存中占据一定的存储单元。变量定义的一般形式如下：

类型说明符 变量1[，变量2，…，变量 n]；

数据类型决定分配的字节数和数的表示范围，变量为合法标识符。类型说明符与变量名之间至少用一个空格隔开，可以同时定义多个相同类型的变量，它们之间用逗号隔开。

2. 变量的初始化

在定义变量时就赋初值，称为变量的初始化。变量定义必须放在变量使用之前，一般放在函数体的开头部分。

变量可以先定义再赋值，也可以在定义的同时进行赋值。在变量定义中赋初值的一般形式如下：

类型说明符 变量 1=值 1，变量 2=值 2，…；

初值可以是另外一个变量的值，例如以下代码所示的变量初始化。

```
int num,total=0,sum=start;
double price=123. 123;
float x=3. 2,y=3. 0,z=0. 75;
char a=' a' ,abc;
```

在书写变量定义时，应注意以下几点。

(1)允许在一个类型说明符后，定义多个相同类型的变量。

(2)各变量名之间用逗号间隔。

(3)类型说明符与变量名之间至少用一个空格间隔。

(4)最后一个变量名之后必须以分号结尾。

(5)变量定义必须放在变量使用之前，一般放在函数体的开头部分。

3. 整型变量

整型数据在内存中以补码的形式存放。整型变量用于存放整型数据，可分为短整型、整型、长整型、长长整型等，每种又可分为无符号型和有符号型两种，各种类型的数据位长和取值范围如表3.5所示。

(1)短整型，类型说明的关键字为short int或short，在内存中占2字节。

(2)整型，类型说明的关键字为int，在内存中占4字节。

(3)长整型，类型说明的关键字为long int或long，在内存中占4字节。

(4)长长整型，类型说明的关键字为long long int或long long，在内存中占8字节。

这些类型默认是有符号的，可表示正数或负数。如果只表示正数，则可用无符号型，类型说明符为unsigned。无符号型可与上述4种类型匹配而构成：无符号短整型(unsigned short int或unsigned short)、无符号整型(unsigned int)、无符号长整型(unsigned long int或unsigned long)、无符号长长整型(unsigned long long int或unsigned long long)等。各种无符号类型变量所占内存空间字节数与相应的有符号类型变量相同，但不能表示负数。

定义和使用整型变量时，注意各种类型的取值范围，以免发生数据溢出而造成错误。例如：

```
unsigned short int a=65535,b;
```

此时，a为11111111 11111111，b未赋初值.

若“b=a+1”，此时，“b=0”，即b=a+1=11111111 11111111+1=00000000 00000000，最高位1溢出(超出变量取值范围)。

在数字设备中，运算结果超出数字设备的表示范围，即最高位溢出，这种现象一般当作故障处理，但在数字设备中有时作为“标志”判断使用。

一个短整型(short int)数由16位二进制数组成，对于无符号数，其取值范围为0～65 535；对于有符号数，其取值范围为-32 768～32 767。

两个无符号短整型数相加，超出65 535，称为溢出；两个有符号短整型数相加，超出32 767，称为溢出，低于-32 768，也称为溢出。

4. 浮点型变量

目前，C语言编译器都遵照电气与电子工程师协会(Institute of Electrical and Electionics Engineers，IEEE)制订的浮点数表示法进行实型数值计算，该标准采用一种科学记数法，用符号、指数和尾数来表示，底数为2，即把一个浮点数表示为尾数乘以2的指数次幂，再添加符号。浮点数表示法如图3.3所示。

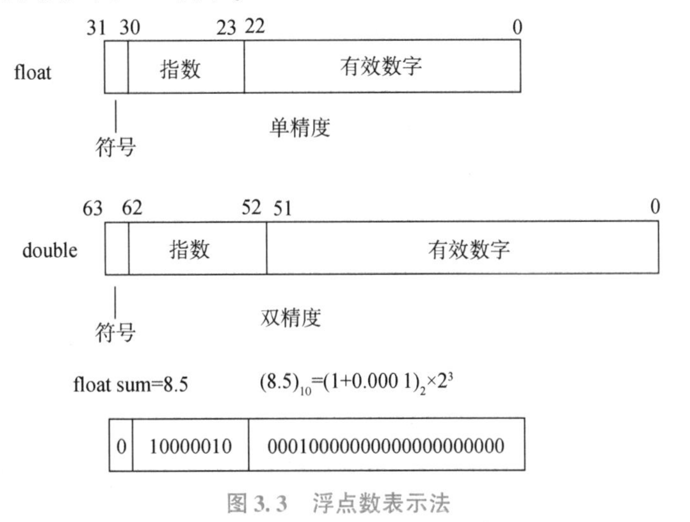

图3.3　浮点数表示法

说明如下。

(1)符号位 1 位，0 为正，1 为负。

(2)指数位，用于存储科学计数法中的指数数据，并且采用移位存储，浮点数，8 位(-127～+127)；双精度数，11 位(-1 024～+1 024)。

(3)尾数位，浮点数，23 位(0～0x7fffff)；双精度数，52 位(0～0xfffffffffffff)。

下面以单精度浮点数(带符号，32 位)类型的浮点数，说明 C/C++中的浮点数是如何在内存中表示的。例如：

$$(8.5)_{10}=(1.0625)_{10}\times 2^3=(1+0.0001)_2\times 2^3$$

即小数部分为二进制 0.000 1，指数部分为 3，所以在内存中存放时，符号位为 0（正数)，尾数为 0.000 1(小数部分的二进制值)，阶码为 10000010(130=127+3 的二进制值，阶码等于指数加上 127)，其中阶码的存储采用了移位存储方法，具体可查阅 IEEE 754 标准。

由图 3.3 可以看出，小数部分占的位数越多，数的有效数字越多，精度也就越高；指数部分占的位数越多，则能表示的数值范围越大。

对于小数位，例如，0.456，第 1 位，0.456 小于位阶值 2^{-1}，该位为 0；第 2 位，0.456 大于位阶值 2^{-2}，该位为 1，并将 0.456 减去 1/4 得 0.206 进下一位；第 3 位，0.206 大于位阶值 2^{-3}，该位为 1，并将 0.206 减去 1/8 得 0.081 进下一位；第 4 位，0.081 大于 2^{-4}，该位为 1，并将 0.081 减去 1/16 得 0.018 5 进下一位；第 5 位 0.018 5 小于 2^{-5}……

用前面所述的乘 2 取整法，所得的结果与此完全一致。

最后把计算得到的足够多的 1 和 0 按位顺序组合起来，就得到了一个比较精确的用二进制表示的纯小数了，同时精度问题也就由此产生。许多数都是无法在有限的 n 位内完全精确地表示出来的，我们只能利用更大的 n 值来更精确地表示这个数，这就是为什么在许多领域，程序员都更喜欢用 double，而不是 float。

浮点型变量可分为单精度型、双精度型和长双精度型 3 类，各种类型的数据位长和取值范围如表 3.5 所示。

(1)单精度型，类型说明的关键字为 float，在内存中占 4 字节，一般为 6～7 位有效数字。

(2)双精度型，类型说明的关键字为 double，在内存中占 8 字节，一般为 15～16 位有效数字。

(3)长双精度型，类型说明的关键字为 long double，在内存中占 16 字节，一般为 18～19 位有效数字。

浮点型变量类型定义格式和使用方法与整型变量相同，如“float x, y;”。

由于浮点型变量是由有限的存储单元组成的，因此能提供的有效数字总是有限的，可能存在舍入误差。

5. 字符变量

字符变量是用来存储单个字符的 ASCII 值，字符变量的类型说明符是 char。

字符变量类型定义格式和使用方法与整型变量相同，如“char ch;”。

每个字符变量在内存中被分配 1 字节的存储空间，因此只能存放一个字符，存储的字符值是对应的 ASCII 码。例如，字符' A' 的十进制 ASCII 码是 65，对字符变量 ch 赋予' A' 值：

“ch='A';”，则在 ch 存储单元内存放 65 的二进制代码。

字符变量与整型变量间可进行数学运算，C/C++允许对整型变量赋以字符值，也允许对字符变量赋以整型值。在输出时，允许把字符变量按整型变量输出，也允许把整型变量按字符变量输出。字符变量为单字节量，整型变量为多字节量，当整型变量按字符变量处理时，只有低字节参与处理。例如：

```
char a,b,x,y;
a=65,b=66;          // 即 a='A',b='B'
x='a',y='b';
x=x-32,y=y-32;      // 即 x='A',y='B'
```

6. 布尔型变量

在 C++中还有布尔型变量。布尔型变量有两种逻辑状态，它包含两个值：true 和 false。如果在表达式中使用了布尔型变量，那么将根据变量值的真假赋予整型值 1 或 0。要把一个整型变量转换成布尔型变量，如果整型值为 0，则其布尔型值为 false；反之，如果整型值为非 0，则其布尔型值为 true。布尔型变量在运行时通常用作标志，如进行逻辑测试以改变程序流程。

布尔型变量类型定义格式和使用方法与整型变量相同，如“bool flag;”“flag=false;”。

3.4.2 常量

1. 常量分类

在程序执行过程中其值不发生改变的量称为常量。常量又分为符号常量和直接常量。直接常量是可以立即拿来用，无须任何说明的量，如整型常量 12、0、-3；浮点型常量 4.6、-1.23；字符常量'a'、'b'。

1)符号常量

符号常量，用标识符代表一个常量。符号常量在使用之前必须先定义，其一般形式如下：

“#define 标识符 常量”或“ const 变量类型 标识符=初始值”

例如：

```
#define PI 3.1415926
const int N=90;
```

其中，#define 也是一条预处理指令，称为宏定义，其功能是把该标识符定义为其后的常量值。定义后，在程序中该符号常量所有出现的地方，均可用该常量值取代。

使用符号常量的好处是含义清楚，能做到“一改全改”。

符号常量与变量不同，其值在其作用域内不能改变，也不能再被赋值。习惯上符号常量的标识符用大写字母，变量标识符用小写字母，以示区别。

2）直接常量

直接常量，即字面常量，又可分为整型常量（如 1、-1）、浮点型常量（如 3.14、-1.5）、字符常量（如'a'、'A'）、字符串常量（如"hello""China"）、布尔常量（如 true、false）等。

2. 整型常量

整型常量就是整常数，在 C/C++中，使用的整常数有十进制、八进制和十六进制 3 种。

1）十进制整常数

十进制整常数没有前缀，由数字 0～9 和正、负号表示，如 123、-128、65 535、-1 等都是合法的十进制整常数，非法的十进制整常数如 010（不能有前缀 0）和 98A（不能含有非十进制数码）。C/C++是根据前缀来区分八进制数和十六进制数的，因此在书写整常数时，不要把前缀弄错而造成结果不正确。

2）八进制整常数

八进制整常数必须以 0 开头，即以 0 作为八进制整常数的前缀，数码取值为 0～7。八进制数通常是无符号数，如 011、0123、0177777 等都是合法的八进制整常数，非法的八进制整常数如 255（无前缀 0）、01FF（包含有非八进制数码）、-0123（出现了负号）等。

3）十六进制整常数

十六进制整常数的前缀为 0X 或 0x，其数码取值为 0～9、A～F 或 a～f，如 0x123、0xFFFF、0XAA 等都是合法的十六进制整常数，非法的十六进制整常数如 9A（无前缀 0x）、0x12H（包含有非十六进制数码）等。

4）整型常量类型

在整型常量后加后缀“L”或“l”，则称为长整型常数（long int）。

整型常量根据其值所在范围确定其数据类型。在 32 位计算机中，基本整型的长度为 32 位，表示的数的范围是有限的，如果超过了范围，则此时就必须用长整型常数（long int）来表示。

长整型常数也有十进制、八进制和十六进制 3 种。

（1）十进制长整型常数：888L、32 767L、8 589 934 592L。

（2）八进制长整型常数：012L、0777L、0100000000L。

（3）十六进制长整型常数：0xFFL、0x1234L、0x10000L。

长整型常数在运算和输出格式上要予以注意，避免出错。例如，长整型常数 888L 和基本整型常数 888 在数值上并无区别，但对 888L，因为是长整型常量，故编译器将为它分配 8 字节的存储空间；而对 888，因为是基本整型，故编译器将为它分配 4 字节的存储空间。

可用后缀“U”或“u”表示整型常数的无符号数，如 123U、0xFFU、888LU 等均为无符号数。

前缀和后缀可同时使用，以表示各种类型的整型常量，如 0x123FEDLU 表示十六进制无符号长整型数。

3. 浮点型常量

浮点型也称为实型，浮点型常数也称为实数或浮点数。在 C/C++中，实数只采用十进制形式，有两种表示形式：十进制小数形式和指数形式。

1）十进制小数形式

十进制小数形式由正负号、数码 0～9 和小数点组成，必须包含小数点，如 0.0、3.14、-0.15、0.123、.123、123.、123.0 等都是合法的十进制小数形式。非法的十进制小数形式如 123(无小数点)、9A. E(非十进制数码)等。

2)指数形式

数学中可以用幂的形式来表示实数，如 12.34 可以表示为 1.234×10^1，指数形式与此类似，由正负号、十进制数、阶码标志“e”或“E”及阶码组成，“e”或“E”之前必须有数字，指数必须为整数，“e”或“E”的前后及数字之间不能有空格，如 11.3e3、123E2、1.23e-1 等都是合法的指数形式，非法的指数形式如 e-5(阶码标志 e 之前无数字)、1.2E2.5(阶码非整数)、53.-E3(负号位置不对)、.7E(无阶码)等。

指数形式的一般形式为 aEn 或 aen，其中，a 为十进制数，n 为十进制整数，其值为 $a\times10^n$，如 6.02E23 等价于 6.02×10^{23}。

C 语言允许浮点数使用后缀。没有后缀的浮点型常量默认情况下为 double 型，在浮点型常量后加字母 f 或 F，则认为它是 float 型。

在十进制整型常数后加后缀“f”或“F”，即表示该数为浮点数，如 123f 和 123. 是等价的。

4. 字符常量

字符常量是用单撇号括起来的单个普通字符常量或转义字符，如 'a'、'1'、'='、'\n'、'\101' 等都是合法的字符常量。

1)普通字符常量

普通字符常量有以下特点。

(1)字符常量只能用单撇号括起来，不能使用单引号或其他括号。

(2)字符常量中只能包括一个字符，不能是字符串。

(3)字符常量是区分大小写的，字符常量的值是该字符的 ASCII 码值。

(4)单撇号只是界限符，不属于字符常量中的一部分，字符常量只能是一个字符，不包括单撇号。

(5)单撇号里面可以是数字、字母等 C 语言字符集中除“'”和“\”以外所有可显示的单个字符，但是数字被定义为字符之后就不代表数值的含义，如 '1' 和 1 是不同的，'1' 是字符常量，其值等于 49，而 1 是数值 1。

2)转义字符

转义字符是一种特殊的字符常量，以反斜线“\”开始，后面跟一个字符或一个代码值。转义字符具有特定的含义，其不同于字符原有的意义，故称“转义”字符。例如，printf() 函数中用到的“\n”就是一个转义字符，其意义是“回车换行”。转义字符主要用来表示那些用一般字符不便于表示的控制代码。常用转义字符及其含义如表 3.6 所示。

表 3.6 常用转义字符及其含义

转义字符	含义	ASCII 码值(十进制)
\a	响铃(BEL)	007
\b	退格(BS)	008
\f	换页(FF)	012
\n	换行(LF)	010
\r	回车(CR)	013

续表

转义字符	含义	ASCII 码值(十进制)
\t	水平制表(HT)	009
\v	垂直制表(VT)	011
\ \	反斜杠	092
\?	问号字符	063
\′	单引号字符	039
\"	双引号字符	034
\0	空字符(NULL)	000
\ddd	任意字符	3 位八进制
\xhh	任意字符	2 位十六进制

C/C++字符集中的任何一个字符均可用转义字符来表示，表中的' \ddd' ' \xhh' 正是为此而提出的，其中 ddd 和 xhh 分别为八进制数和十六进制数对应的 ASCII 码，如 ' \101' 表示字母 A，' \102' 表示字母 B，' \134' 表示反斜线，' \X0A' 表示换行等。

5. 字符串常量

字符串常量是用一对双引号括起来的 0 个或者多个字符组成的序列，每个字符串尾自动加一个 ' \0' 作为字符串结束标志。例如,"beijing" "Language C" "Hello world!"等都是合法的字符串变量。

字符串常量和字符常量不同，主要有以下区别。

(1)字符常量是用单撇号引起的一个字符，字符串常量是用双引号引起的若干个字符。

(2)字符常量只能是单个字符，字符串常量可以含一个或多个字符。

(3)C/C++中只有字符变量，没有字符串变量，字符串常量代表一个地址值(该字符串在内存中存放的位置)。字符常量可以赋值给字符变量，如“char b =' a' ;”，但不能把一个字符串常量赋给一个字符变量，同时也不能对字符串常量赋值。

(4)字符常量占一个字节内存空间，字符串常量占的内存字节数等于字符串中的字符数加 1。增加的一个字节中存放字符串结束标志' \0' (ASCII 码值为 0)。例如字符串"1234"，其长度是 5，因为其实还有一个隐藏的' \0' 。

6. 布尔常量

在 C++中，还有布尔常量。布尔常量只有两种值：true 和 false，即“真”与“假”。

3.5 数据类型转换

整型、浮点型、字符型数据间可以混合运算，即变量的数据类型是可以转换的。数据类型转换就是将数据(变量、数值、表达式的结果等)从一种类型转换为另一种类型。转换的方法有两种：自动类型转换(或隐式转换)和强制类型转换(或显式转换)。

3.5.1 自动类型转换

自动类型转换就是编译器隐式、自动进行的数据类型转换，这种转换不需要程序员干预，会自动发生。

在不同类型的数据混合运算中，编译器会自动地转换数据类型，将参与运算的所有数据先转换为同一种类型，然后进行计算。自动转换的类型有以下4种。

(1)运算转换：不同类型数据混合运算时转换。

(2)赋值转换：把一个值赋给与其类型不同的变量时转换。

(3)输出转换：输出时转换成指定的输出格式。

(4)函数调用转换：函数调用时，实参与形参类型不一致时转换。

对于运算转换，其规则如下。

(1)转换按数据长度增加的方向进行，以保证数值不失真，或者精度不降低。例如，int和long参与运算时，先把int型的数据转成long型后再进行运算。

(2)所有的浮点运算都是以双精度进行的，即使运算中只有float型，也要先转换为double型，才能进行运算。

(3)char和short参与运算时，必须先转换成int型。

不同类型的数据混合运算中数据类型转换规则描述如图3.4所示。

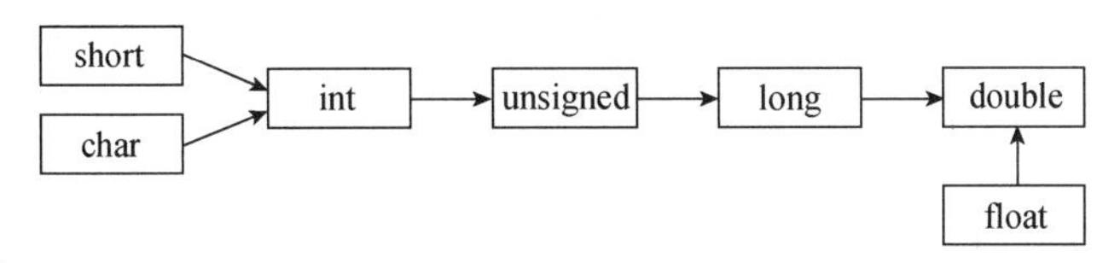

图3.4 不同类型的数据混合运算中数据类型转换规则描述

在赋值运算中，当赋值号两边的数据类型不同时，需要把右边表达式的类型转换为左边变量的类型。如果右边表达式的数据类型长度大于左边，则将丢失一部分数据，这可能会导致数据失真，或者精度降低，丢失的部分按四舍五入舍入。因此，自动类型转换并不一定是安全的。对于不安全的类型转换，编译器一般会给出警告。

3.5.2 强制类型转换

自动类型转换是编译器根据代码的上下文环境自行判断的结果，有时候并不那么“智能”，不能满足所有的需求。如果需要，那么程序员也可以自己在代码中明确地提出要进行类型转换，这称为强制类型转换。

自动类型转换是编译器默默地、隐式地进行的一种类型转换，不需要在代码中体现出来；强制类型转换是程序员明确提出的、需要通过特定格式的代码来指明的一种类型转换。换句话说，自动类型转换不需要程序员干预，强制类型转换必须有程序员干预。

强制类型转换的格式如下：

(类型说明符)(表达式)

其功能是把表达式的运算结果强制转换成类型说明符所表示的类型。例如，(int)(x+y)

的意义是把 x+y 的结果转换为整型；(int)x+y 的意义是把 x 转换为整型，然后与 y 相加。

强制类型转换的类型说明符和表达式都必须加括号(单个变量可以不加括号)。

需要注意的是，无论是自动类型转换还是强制类型转换，都只是为了本次运算而进行的临时性转换，转换的结果也会保存到临时的内存空间，不会改变数据本来的类型或者值。

使用强制类型转换时，程序员自己要意识到潜在的风险。

3.6 运算符和表达式

3.6.1 运算符及其运算优先级

C/C++中运算符和表达式的数量有很多，正是因为丰富的运算符和表达式，所以其语言功能才十分完善。在表达式中，各运算量参与运算的先后顺序要遵守运算符的运算优先级的规定，也要受运算符结合性的制约，以便确定是自左向右进行运算，还是自右向左进行运算。

C/C++的运算符可分为以下 10 类。

(1)算术运算符，用于各类数值运算，如加(+)、减(-)、乘(*)、除(/)、求余(%)、自增(++)、自减(--)等。

(2)关系运算符，用于比较运算，如大于(>)、小于(<)、等于(==)、大于等于(>=)、小于等于(<=)和不等于(!=)等。

(3)逻辑运算符，用于逻辑运算，如与(&&)、或(||)、非(!)等。

(4)位操作运算符，按二进制位进行运算，如位与(&)、位或(|)、位非(~)、位异或(^)、左移(<<)、右移(>>)等。

(5)赋值运算符，用于赋值运算，如简单赋值(=)、复合算术赋值(+=、-=、*=、/=、%=)、复合位运算赋值(&=、|=、>>=、<<=)等。

(6)条件运算符，是一个三目运算符，用于条件求值(?:)。

(7)逗号运算符，用于把若干表达式组合成一个表达式(,)。

(8)指针运算符，用于取内容(*)和取地址(&)运算。

(9)求字节数运算符，用于计算数据类型所占的字节数(sizeof)。

(10)特殊运算符，如括号()、下标[]、成员(->、.)等。

本节只介绍算术运算符、赋值运算符和逗号运算符，其他运算符在后续章节介绍。

表达式是由常量、变量、函数和运算符等组合的式子，单个常量、变量、函数可以看作是表达式的特例。

一个表达式的值及其类型为计算表达式所得结果的值和类型，表达式求值按运算符的运算优先级和结合性规定的顺序进行。

C/C++中的运算优先级共分为 16 级，1 级最高，16 级最低。在表达式中，优先级较高的先于优先级较低的进行运算，而在一个运算量两侧的运算符的运算优先级相同时，按运算符的结合性所规定的结合方向处理。

运算符的结合性可分为两种：左结合性(自左向右)和右结合性(自右向左)。

各种运算符的运算优先级和结合性如表 3.7 所示。

表 3.7 各种运算符的运算优先级和结合性

<table>
<tr><th>序号</th><th>运算符</th><th>结合方式</th></tr>
<tr><td>1</td><td>::(作用域运算符)</td><td>无</td></tr>
<tr><td>2</td><td>.(对象成员) ->(指针成员)
[ ](数组下标) ( )(函数调用)</td><td>自左向右</td></tr>
<tr><td>3</td><td>++(自增) --(自减) sizeof(求所占字节数)
~(按位求反) !(逻辑非) +(正号) -(负号)
*(指针运算符) &(取地址运算符) new(动态内存分配) delete(动态内存释放)</td><td>自右向左</td></tr>
<tr><td>4</td><td>* / %(取余数)</td><td>自左向右</td></tr>
<tr><td>5</td><td>+ -</td><td>自左向右</td></tr>
<tr><td>6</td><td><<(左移) >>(右移)</td><td>自左向右</td></tr>
<tr><td>7</td><td>< <= > >=</td><td>自左向右</td></tr>
<tr><td>8</td><td>==(判断相等) !=(判断不等)</td><td>自左向右</td></tr>
<tr><td>9</td><td>&(按位与)</td><td>自左向右</td></tr>
<tr><td>10</td><td>^(按位异或)</td><td>自左向右</td></tr>
<tr><td>11</td><td>|(按位或)</td><td>自左向右</td></tr>
<tr><td>12</td><td>&&(逻辑与)</td><td>自左向右</td></tr>
<tr><td>13</td><td>||(逻辑或)</td><td>自左向右</td></tr>
<tr><td>14</td><td>?:(条件运算符)</td><td>自右向左</td></tr>
<tr><td>15</td><td>= *= /= %= += -= &= ^= |= >>= <<=</td><td>自右向左</td></tr>
<tr><td>16</td><td>,</td><td>自左向右</td></tr>
</table>

3.6.2 算术运算符与算术表达式

1. 算术运算符

算术运算符用于各类数值的运算，有以下 7 种。

(1)加法运算符“+”。加法运算符为双目运算符，即应有两个量参与加法运算。例如 a+b、1+2 等，具有右结合性。

(2)减法运算符“-”。减法运算符为双目运算符，具有右结合性。

“+”和“-”可作为正值、负值运算符，此时为单目运算符，具有左结合性，如-a，-1 等。

(3)乘法运算符“*”。乘法运算符为双目运算符，具有左结合性。

(4)除法运算符“/”。除法运算符为双目运算符，具有左结合性。当参与运算的量均为整型时，结果也为整型，舍去小数。

在“+、-、*、/”运算中，如果运算的量中有一个是浮点型(float 或 double)，则结果为双精度浮点型(double)。

(5)求余运算符(模运算符)“%”。求余运算符为双目运算符，具有左结合性，要求参与运算的量均为整型。求余运算的结果等于两数相除后的余数。

(6)自增运算符“++”。其功能是使变量的值自增 1。

(7)自减运算符“--”。其功能是使变量的值自减 1。

自增、自减运算符均为单目运算符，都具有右结合性，可有以下 4 种形式。

(1)++i：i 自增 1 后再参与其他运算。

(2)--i：i 自减 1 后再参与其他运算。

(3)i++：i 参与运算后，i 的值再自增 1。

(4)i--：i 参与运算后，i 的值再自减 1。

在理解和使用上容易出错的是 i++和 i--。“++”和“--”不能用于常量和表达式，如 1++、(a+b)++等是非法的。特别是当它们出现在较复杂的表达式或语句中时，常常难于弄清，因此应仔细分析。

2. 算术表达式

算术表达式是由算术运算符和括号将运算对象(也称操作数)连接起来的、符合 C/C++语法规则的式子。例如，“3.14*r*r+2*3.14*r*h”“(a+b)/(c-d)”等。

算术表达式运算规则：先按运算符的运算优先级的高低依次执行；若在运算对象两侧的运算符有相同的优先级，则按规定的结合方向顺序处理。

算术运算符的结合性是自左至右，即先左后右。例如，表达式“a-b+c”，则 b 应先与“-”结合，执行 a-b 运算，再执行+c 的运算。这种自左至右的结合方向就称为“左结合性”。而自右至左的结合方向称为“右结合性”，例如，表达式“-i++”，则先计算(i++)然后取负值，即等价于“-(i++)”。

最典型的右结合性的运算符是赋值运算符。例如“a=b=c”，由于“=”的右结合性，故应先执行 b=c，再执行 a=(b=c)运算。C/C++运算符中有不少为右结合性运算符，应注意区别，以避免理解错误。

3.6.3 赋值运算符与赋值表达式

1. 简单赋值运算符

简单赋值运算符为“=”，由“=”连接的式子称为赋值表达式，其一般形式如下：

变量=表达式

其作用是将一个数据(常量或表达式)赋给一个变量。例如，“a=3”“x=a+b”“area=2*3.14*radius”等都是合法的赋值表达式。

赋值表达式的功能是先计算赋值运算符右边表达式的值再赋予左边的变量，赋值运算符具有右结合性，例如，表达式“a=b=c=5”等价于“a=(b=(c=5))”。

凡是表达式可以出现的地方，均可以出现赋值表达式，如表达式“x=(a=1)+(b=2)”是合法的赋值表达式，其作用是先把 1 赋给变量 a，把 2 赋给变量 b，再把变量 a、b 相加，最后将相加结果赋给变量 x，故变量 x 的值等于 3。

赋值表达式左侧必须是变量，不能是常量或表达式，如“3=x-2*y”“a+b=3”等都是非法的赋值表达式。

2. 复合赋值运算符

在赋值运算符“=”之前加上其他二目运算符，可构成复合赋值运算符，如+=、-=、*=、/=、%=等。构成复合赋值表达式的一般形式如下：

变量　双目运算符=表达式

其等价于：

变量=变量 双目运算符 表达式

例如，“a+=2”等价于“a=a+2”。

3. 赋值过程中的类型转换

如果赋值运算符两侧的类型不一致，在赋值时会自动进行类型转换，转换的规则是将赋值运算符右边表达式的值自动转换成赋值运算符左边变量的类型，具体如下。

(1)将浮点型数据(包括单、双精度)赋给整型变量时，舍弃其小数部分。

(2)将整型数据赋给浮点型变量时，数值不变，但以浮点型形式存储到变量中。

(3)将一个 double 型数据赋给 float 型变量时，要注意数值范围不能溢出。

(4)将字符型数据赋给整型变量时，将字符的 ASCII 码值赋给整型变量。

(5)将一个 int、short 或 long 型数据赋给一个 char 型变量，只将其低 8 位原封不动地送到 char 型变量(发生截断)。

(6)将 signed(有符号)型数据赋给长度相同的 unsigned(无符号)型变量，将存储单元内容原样照搬(连原有的符号位也作为数值一起传送)。

(7)不同类型的整型数据间的赋值归根结底就是一条：按存储单元中的存储形式直接传送。

C/C++使用灵活，在不同类型数据之间赋值时，常常会出现意想不到的结果，而编译系统并不提示出错，全靠程序员的自身经验来找出问题。这就要求编程人员对出现问题的原因有所了解，以便迅速排除故障。

C/C++之所以采用这种复合运算符，一是为了简化程序，使程序精炼；二是为了提高编译效率(这样的写法与“逆波兰”式一致，有利于编译，能产生质量较高的目标代码)。专业的程序员在程序中常用复合运算符，初学者可能不习惯，也可以不用或少用。

3.6.4 逗号运算符和逗号表达式

逗号运算符“,”是特殊的运算符，它是将两个表达式连接起来组成一个表达式，称为逗号表达式。并不是在所有出现逗号的地方都能组成逗号表达式，如在变量说明、函数参数表中，逗号只是用作各变量之间的间隔符。逗号表达式的一般形式如下：

表达式 1，表达式 2，…，表达式 n

逗号表达式的求值过程是先求解表达式 1 的值，再求解表达式 2 的值……，最后求解表达式 n 的值，并将表达式 n 的值作为整个逗号表达式的值。

程序中使用逗号表达式，通常是要分别求逗号表达式内各表达式的值，并不一定求整个逗号表达式的值。

3.6.5 C/C++语句

C/C++程序的主体部分是由语句组成的，以实现程序的功能。任何表达式在其末尾加上分号就构成语句，如“x=a+b;”“a=b=c=1;”等是赋值语句。

从程序流程的角度来看，程序可以分为3种基本结构，即顺序结构、分支结构、循环结构。这3种基本结构可以组成所有的各种复杂程序。C/C++提供了多种语句来实现这些程序结构。C/C++语句可分为以下5类。

(1)表达式语句。表达式语句由表达式加上分号“;”组成(程序中的“;”在英文状态下输入)，执行表达式语句就是计算表达式的值，一般形式为“表达式;”，如“a++;”“x=(a+b)/(a-b);”等。

(2)函数调用语句。函数调用语句由函数名、实际参数加分号“;”组成，执行函数调用语句就是调用函数，执行被调函数体中的语句，一般形式为“函数名(实际参数表);”，如“printf("hello world! \n");”。

(3)控制语句。控制语句由特定的语句定义符组成，用于控制程序的流程，以实现程序的各种结构方式，可分成以下3类。

①条件判断语句，如 if 语句、switch 语句等。

②循环执行语句，如 do-while 语句、while 语句、for 语句。

③转向语句，如 break 语句、continue 语句、return 语句、goto 语句(此语句尽量少用，因为这不利于结构化程序设计，滥用它会使程序流程无规律、可读性差)。

(4)复合语句。复合语句是把多个语句用括号括起来组成的一个语句。在程序中应把复合语句看成是单条语句，而不是多条语句。例如，下列语句是一条复合语句。

```
{
    x=y+z;
    a=b+c;
    printf("% d% d",x,a);
}
```

复合语句内的各条语句都必须以分号“;”结尾，此外，在花括号“}”外不能加分号。

(5)空语句。空语句是指只有一个分号“;”的语句。空语句不产生任何操作运算，只是出于语法上的需要，在某些必需的场合占据一个语句的位置，在程序中空语句可用作空循环体。

空语句在 C/C++中的作用：通常用作迭代语句的占位符；作为标签用在复合语句或函数的末尾；为了程序的结构清楚，可读性好，为扩充新功能方便而插入空语句。

课外设计作业

3.1 求下列表达式的结果。

(1)10%3　　(2)10/3　　(3)int a=12; a+=a-=a * a

(4)int s=6, s%2+(s+1)%2　　(5)ch='a'+'8'-'3'　　(6)a=2, b=5, a++, b++, a+b

3.2 定义“int b=7; float a=2.5, c=4.7;”，求表达式“a+(int)(b/3 * (int)(a+c)/2)%4)”的值。

第 4 章　顺序结构及其应用程序设计

从程序流程的角度可以将程序分为 3 种基本结构：顺序结构、选择结构和循环结构。各种复杂的程序都可以由这 3 种基本结构组成。本书 1.4 节已对这 3 种基本结构做了简要的描述。

顺序结构是程序设计中最简单、最基本的结构，只要按照解决问题的顺序写出相应的语句即可，它的执行顺序是自上而下，依次执行每条语句。顺序结构一般由说明语句、表达式语句、函数调用语句和输入/输出语句组成。顺序结构可以独立构成一个完整的程序。大多数情况下，顺序结构都是作为程序的一部分，与其他结构一起构成一个复杂的程序。

4.1　3 种最基本的输入/输出方法

4.1.1　变量赋值输入法

变量赋值输入法，即在程序内部对变量赋值，程序人机交互过程中，没有输入，只有输出，也是 0 输入的一种程序设计方法。

【例 4.1】利用变量赋值输入法求两个整数的和、差、积、商、余。

【程序设计】

```
/* e4-1.cpp      变量赋值法(0 输入),cout 输出*/
#include<iostream>
using namespace std;
int main()
{
    int x,y;                //定义整型变量
    x=5;y=4;                //对变量 x,y 分别赋值,0 输入
    //x=4;y=5;
    cout<<"x+y="<<x+y<<endl;//cout 输出表达式的值
    cout<<"x-y="<<x-y<<endl;
    cout<<"x*y="<<x*y<<endl;
    cout<<"x/y="<<x/y<<endl;
```

```
    cout<<"x% y="<<x% y<<endl;
    return 0;
}
```

【问题思考】

令变量 x=4，y=5，试分析输出结果及其产生原因。

4. 1. 2 C++基本输入/输出

C++标准库提供了一组丰富的输入/输出(Input/Output，I/O)功能，我们将在后续章节进行介绍。本小节将讨论 C++编程中最基本和最常见的 I/O 操作。

C++的 I/O 发生在流中，流是字节序列。如果字节流是从设备(如键盘、磁盘驱动器、网络连接等)流向内存，则称其为输入操作；如果字节流是从内存流向设备(如显示屏、打印机、磁盘驱动器、网络连接等)，则称其为输出操作。

使用流状态可以方便格式化输出。头文件<iostream>定义了 cin、cout 对象，分别对应于标准输入流、标准输出流。

标准输入流(cin)：预定义的对象 cin 是 iostream 类的一个实例。cin 对象附属到标准输入设备，通常是键盘。cin 是与流提取运算符“>>”结合使用的。

标准输出流(cout)：预定义的对象 cout 是 iostream 类的一个实例。cout 对象“连接”到标准输出设备，通常是显示屏。cout 是与流插入运算符“<<”结合使用的。

endl：换行操作符，输出换行标示，并清空缓冲区。例如“cout<<endl”表示输出换行 。

可以连续输入、输出，例如“cin>>n>>m”，“cout<<a<<'，'<<b<<endl”。

【例 4. 2】利用 C++求两个整数的和、差、积、商、余。

【程序设计】

```
/*  e4-2. cpp          cin 输入(C++方式)*/
#include<iostream>
using namespace std;
int main( )
{
    int x,y;                        //定义整型变量
    cin>>x>>y;                      //输入两个整数 x,y
    cout<<"x+y="<<x+y<<endl;        //cout 输出表达式的值
    cout<<"x- y="<<x- y<<endl;
    cout<<"x*y="<<x*y<<endl;
    cout<<"x/y="<<x/y<<endl;
    cout<<"x% y="<<x% y<<endl;
    return 0;
}
```

【问题思考】

除数为 0 时程序的运行结果有什么问题？如何避免？

【提示】

在复杂程序的设计中，一定要对除数为 0 的情况进行特别处理，以免程序发生崩溃。

4.1.3 C 语言格式化输入/输出

C 语言中的标准 I/O 通常使用 scanf( ) 和 printf( ) 两个函数。scanf( ) 函数用于从标准输入(键盘)读取格式化数据，printf( ) 函数用于发送格式化输出到标准输出(屏幕)。头文件为〈cstdio〉(C++)或〈stdio. h〉(C 语言)。

1. 格式化输入函数 scanf( )

格式化输入函数 scanf( )按用户指定格式从标准输入设备(键盘)，把数据读取到变量中。标识符 scanf 最末一个字母 f 即为“格式”(format)之意，即按用户指定的格式输入。scanf( )函数一般形式如下：

scanf(“格式控制字符串”,地址列表)；

其中，格式控制字符串用于指定输入格式，不能显示提示字符串；地址列表是变量的地址，由地址运算符“&”后跟变量名组成，如“&a”“&b”表示变量 a 和变量 b 的地址，需要 scanf( )函数输入几个变量，地址表就包含几个变量的地址。

“&”是一个取地址运算符，“&a”是一个表达式，其含义是求变量 a 的地址。地址列表中的地址是编译器给变量 a、b 在内存中分配的地址，用户不必关心具体的地址是多少，只需关心该地址处存放的值是多少，即变量值。例如，如果有赋值语句“a=123;”，则 a 为变量名，123 为变量的值，&a 为变量的地址(形如 0xFF120000 这样的值)。

scanf( )函数本质上是给变量赋值，但要求写变量的地址，即形如 &a 的格式，这与赋值语句是不同的。

格式控制字符串的一般形式如下：

“%[宽度][长度]类型”

其中，方括号中为任选项。

1)类型

类型表示输入数据的类型，其符号及其说明如表 4.1 所示。

表 4.1 输入数据类型的符号及其说明

符号	说明
d	输入十进制形式的整数
x	输入十六进制形式的整数
o	输入八进制形式的整数
u	输入十进制无符号整数
c	输入单个字符
s	输入字符串

续表

符号	说明
e	以指数形式输入单精度浮点数
f	以小数形式输入单精度浮点数

2)宽度

宽度是用十进制整数指定输入数值的宽度(即字符数)。例如，“scanf("%6d", &x);”表示当输入“123456789”时，只把“123456”赋予变量 x，其余部分被截去。

3)长度

长度格式符为“h”和“l”，其中“h”表示输入短整型数据，“l”表示输入长整型数据(如“ld”)或双浮点精度数(如“lf”)，如果是“ll”，则表示长长整型或者长双精度型。

使用 scanf ( ) 函数应注意以下 6 点。

(1)scanf ( )函数中的格式控制字符串后面应该是变量的地址，而不应是变量名。例如输入语句“scanf("%d,%d", a, b);”是错误的，应为“scanf("%d,%d", &a, &b);”，变量前面的 & 不能少。

(2)输入数据时不能规定数据的精度。例如，“scanf("%8.2f", &a);”是不合法的。

(3)在格式控制字符串中除了格式说明符外，还有其他字符，则在输入数据时，在对应位置上应输入与这些字符相同的字符。例如，scanf ("a=%d, b=%d", &a, &b)，在“a=”和“b=”后分别输入与 d 对应的十进制形式的整数，其他任何输入形式都不正确。

(4)输入数据时，遇以下情况认为该数据输入结束。

按指定的宽度结束；遇空格，或〈Enter〉键，或〈Tab〉键结束；遇非法输入结束。

(5)在用“%c”格式输入字符时，所有输入的字符(包括空格字符和转义字符)都作为有效字符。

(6)当输入的数据与输出的类型不一样时，可能会导致结果错误(虽然编译没有提示出错，但输出结果将不正确)。

2. 格式化输出函数 printf( )

格式化输出函数 printf( )的功能是向系统显示器输出若干个任意类型的数据。printf( )函数的一般形式如下：

printf("格式控制字符串", 输出列表)

其中，格式控制字符串用于指定输出格式，输出列表给出了各个要输出的数据(常量、变量或表达式)，输出列表可以没有，也可同时输出多个数据并以“,”分隔。

格式控制字符串由格式说明字符串和非格式说明字符串两类组成。格式说明字符串以“%”开头，在其后面跟有各种格式字符，以说明输出数据的类型、形式、长度、小数位数等。非格式说明字符串为普通字符或转义序列，将字符原样输出，在显示中起提示作用。

格式说明字符串的一般形式如下：

%[-][+][0][#][整数 1][. 整数 2][l 或 h] 格式字符

其中，方括号中为任选项。

格式说明字符串是由“%”开头，以格式字符(英文字母)结束的一串字符，用以说明输出数据的类型、长度、小数位数等。因此，除了“%”以外，格式字符是格式说明字符串中必须要有的，它控制输出列表里相应输出项数据的输出类型。

1) 格式类型

格式类型用以表示输出数据的类型，常见格式字符及其说明如表 4.2 所示。

表 4.2　常见格式字符及其说明

字符	说明	字符	说明
d，j	整数	e，E	用科学记数法表示的浮点数
u	无符号整数	f	浮点数(实数)，隐含输出 6 位小数
o	八进制整数	c	字符
x，X	十六进制整数(小写、大写)	s	字符串(字符数组)
p	以十六进制数输出变量地址	g，G	以数值宽度最小的形式输出浮点整数

2) 输出最小宽度

用一个十进制整数来指定输出数据的最小位数，若实际位数多于指定宽度，则按实际位数输出；若实际位数小于指定宽度，则补以空格或 0（由是否有标志 0 确定）。

3) 精度

精度以“.”开头，后跟一个十进制整数，其意义是，如果输出数值，则表示数值小数部分的位数(四舍五入)；如果输出字符串，则表示输出字符的个数；若实际位数大于指定精度，则截去超出的部分。

4) 标志

标志符号(也称附加字符)有“-”“+”“ ”(空格)、“0”“#”这 5 种，其含义如表 4.3 所示。

表 4.3　附加格式字符及其说明

附加字符	说明
-	输出数据左对齐，右边填空格(默认为右对齐)
+	输出正负号，在有符号的正数前，显示正号(+)
空格	输出值为正数时显示空格，为负数时显示负号
0	输出值右对齐时，左面的空位置自动填 0，默认为空格
#	在八进制和十六进制前分别显示前导“0”和“0x”；对于实数，当结果有小数时，才显示小数点

5) 长度

长度格式符为“h”和“l”，其中“h”表示按短整型数据输出，“l”表示按长整型数据输出，如果是“ll”，则表示长长整型或者长双精度型。

使用 printf ( ) 函数应注意以下 4 点。

(1) 实数精度(有效数字)由输出项类型控制(float 7 位，double 16 位)，对 float 型输出项用 %lf 格式不能增加精度；增大“整数 2”可增加实数输出的小数位数，但不能增加精度。

(2) 输出项从右向左计算后，按格式说明的顺序、类型和要求对应输出。格式说明和输出项的个数类型应相同，若不匹配则系统不能正确输出。其中，有以下 3 种情况。

①格式说明的个数少于输出项个数，多余的输出项将不输出。

②格式说明的个数多于输出项个数，多余的格式说明将输出随机的值。

③整型数据按 %f 输出，或者实型数据按 %d 输出，均出现输出错误结果。

(3)格式字符除 X(表示输出的十六进制数用大写字母输出)、E(表示输出的指数 e 用大写字母 E 输出)、G(表示若选用指数形式输出，则用大写字母 E 输出)外，必须是小写字母。例如 %d 不能写成 %D。

(4)若想输出字符“%”，则在格式字符串中用连续两个“%”表示。例如，“printf(“%f%%”, 1.0/4);”表示输出 0.250 000%。

【C 语言输出实例说明】

```
%5d:5 位数,右对齐。不足 5 位用空格补齐,超过 5 位按实际位数输出。
%05d:5 位数,右对齐。不足 5 位用 0 补齐,超过 5 位按实际位数输出。
%-5d:5 位数,左对齐。不足 5 位用空格补齐,超过 5 位按实际位数输出。
%+d:无论是正数还是负数,都要把符号输出。
%.2f:保留 2 位小数。如果小数部分超过 2 位则四舍五入,否则用 0 补全。
%5.2f:输出指定数据宽度,保留 2 位小数。
%-5.2f:向左靠齐,输出指定数据宽度,保留 2 位小数。
```

【例 4.3】利用 C 语言求两个整数的和、差、积、商、余。

【程序设计】

```
/* e4-3.cpp   scanf()输入、printf()输出(C 方式)*/
#include<cstdio>                    //printf 和 scanf 调用 cstdio 库,在 C 中调用 stdio.h 库
using namespace std;
int main()
{
    int x,y;                        //定义整型变量
    scanf("%d%d",&x,&y);            //输入两个整数 x,y
    printf("x+y=%d\n",x+y);         //printf 输出表达式值
    printf("x-y=%d\n",x-y);
    printf("x*y=%d\n",x*y);
    printf("x/y=%d\n",x/y);
    printf("x%y=%d\n",x%y);
    return 0;
}
```

【拓展学习】

【P4.1】设计程序，输入一个任意位的整数，输出其个位数。

样例输入：4321

样例输出：1

【P4.2】设计程序，输入一个 3 位数 ABC 的整数，按 CBA 反向输出。

样例输入：321

样例输出：123

【P4.3】设计程序，输入一个 3 位数的整数，求其各位数的和。

样例输入：321

样例输出：6

【例 4.4】变量的自增和自减。

C++中，整数或浮点型变量的值加 1，使用自增运算符“++”，其有两种用法：变量名++；++变量名。整数或浮点型变量的值减 1，使用自减运算符“--”，其同样有两种用法：变量名--；--变量名。

分析和运行下面程序，并观察运算结果。

【程序设计】

```
/* e4-4.cpp  运行该程序,分析并观察运算结果*/
#include<iostream>
using namespace std;
int main()
{
    int i=8;
    cout<<++i<<endl;
    cout<<--i<<endl;
    cout<<i++<<endl;
    cout<<i--<<endl;
    cout<<-i++<<endl;
    cout<<-i--<<endl;
    return 0;
}
```

【运行结果】

9

8

8

9

-8

-9

【问题思考】

变量自增或自减两种用法的共同点，以及它们的区别。

【拓展学习】

【P4.4】运行程序，分析并观察运算结果。

```
/* p4-4.cpp */
#include<iostream>
using namespace std;
int main()
```

```
{
    int i=5,j=5,p,q;
    p=(i++)+(i++)+(i++);
    q=(++j)+(++j)+(++j);    //编译器问题？优先级问题？
    cout<<p<<" "<<q<<" "<<i<<" "<<j;
    return 0;
}
```

【运行结果】

18　22　8　8

【问题思考】

不同的操作系统运行结果是否一致？是优先级问题？还是编译器问题？

【提示】

对较为烦琐的自增、自减问题，最好不要这样接续使用！

4.2　数学表达式应用程序设计

数学表达式由数据、变量、运算符、数学函数、括号组成，程序中的数学表达式需要用C/C++能够接受的运算符和数学函数表示。数学函数头文件为<cmath>。常用的数学函数及其说明如表 4.4 所示。

表 4.4　常用的数学函数及其说明

数学函数		说明
绝对值、取整	int abs(int i)	返回整型参数 i 的绝对值(该函数同时包含于<cstdlib>)
	double fabs(double x)	返回双精度参数 x 的绝对值
	long labs(long n)	返回长整型参数 n 的绝对值
	double ceil(double x)	返回大于等于 x 的最小整数
	double floor(double x)	返回小于等于 x 的最大整数
指数、对数、开方	double log(double x)	返回自然对数 ln(x)的值
	double log10(double x)	返回常用对数 lg(x)的值
	double pow(double x, double y)	返回 x 的 y 次幂
	double pow10(int p)	返回 10 的 p 次幂
	double exp(double x)	返回指数函数 e 的 x 次幂
	double sqrt(double x)	返回 x 的平方根

续表

数学函数		说明
三角函数(角的单位为弧度)	double sin(double x)	返回 x 的正弦值
	double cos(double x)	返回 x 的余弦值
	double tan(double x)	返回 x 的正切值
	double asin(double x)	返回 x 的反正弦函数值
	double acos(double x)	返回 x 的反余弦函数值
	double atan(double x)	返回 x 的反正切函数值，可用 atan(1) *4 表示 π
	double sinh(double x)	返回 x 的双曲正弦值
	double cosh(double x)	返回 x 的双曲余弦值
	double tanh(double x)	返回 x 的双曲正切值

【例 4.5】编程计算以下式子：

$$y=\cfrac{1}{1+\cfrac{1}{1+\cfrac{1}{5}}}$$

【程序设计 1】

```
/* e4-5-1.cpp   注意数据类型 */
#include<iostream>
using namespace std;
int main()
{
    int y;
    y=(1/(1+1/(1+1/5)));
    cout<<y<<endl;
    return 0;
}
```

【运行结果】

0

【问题思考】

数据类型是如何强制转换的？

【程序设计 2】

```
/* e4-5-2.cpp   注意数据类型 */
#include<iostream>
using namespace std;
int main()
{
```

```
        //int y;
        float y;
        //y=(1/(1+1/(1+1/5)));
        y=(1.0/(1.0+1.0/(1.0+1.0/5.0)));
        cout<<y<<endl;
        return 0;
    }
```

【运行结果】

0.545455

【例4.6】编程计算以下式子：

$$\sqrt{5^2+4^2}$$

【程序设计】

```
/* e4-6.cpp  注意数学函数调用程序头文件 <cmath> */
#include<iostream>
#include<cmath>
using namespace std;
int main()
{
    cout<<sqrt(5*5+4*4)<<endl;
    return 0;
}
```

【运行结果】

6.40312

【拓展学习】

【P4.5】已知 $a=5.5$、$b=6.7$、$c=9.3$，编程求$\frac{b+4ac}{2a}$的值。

【P4.6】编程计算以下式子：

$$\sqrt{\frac{1-\cos(\pi/3)}{2}}$$

4.3 综合应用题应用程序设计

【例4.7】一列火车在某地时的速度为 $v_0=40$ km/h，现以加速度 $a=0.15$ m/s^2 行驶，求其2 min后的速度 v 和距开始加速点的距离 s。

【算法分析】

根据物理知识：

$$v_t=v_0+at$$

$$s=v_0t+at^2/2$$

问题中已知的 v_0、a 和 t 的单位不一致，在运用公式求解的过程中，需要先将单位变换统一，即

$$v_0=40\ \text{km/h}=40\times1\ 000\ /\ 3\ 600\ \text{m/s}$$

$$t=2\ \text{min}=2\times60\ \text{s}=120\ \text{s}$$

【程序设计】

```
/*  e4-7. cpp */
#include<iostream>
using namespace std;
int main( )
{
     float v0=(40*1000/3600. 0),a=0. 15,vt,s;          // float 定义为单精度浮点型变量
     int t=2*60;
     vt=v0+a*t;                                        //求 2 min 后的速度
     s=v0*t+0. 5*a*t*t;                                //求 2 min 后距开始加速点的距离
     cout<<"vt="<<vt<<" s="<<s<<endl;                  //输出结果
     return 0;
}
```

【运行结果】

vt=29. 1111 s=2413. 33

【例 4. 8】如图 4. 1 所示，梯形中阴影部分的面积是 150 cm^2，求梯形面积。

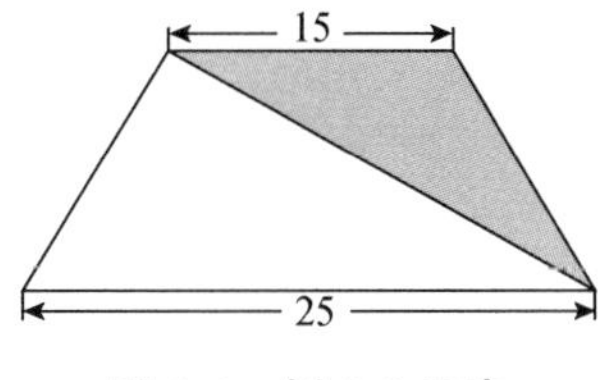

图 4. 1　例 4. 8 示意

【算法分析】

已知梯形上、下底长为 up=15 、down=25。令梯形的高为 h，则由已知三角形面积为 s1=150 cm^2，由三角形面积公式 s1=up * h/2 得：

h=s1 * 2/up

然后根据梯形面积公式 s=(up+down) * h/2，算出梯形面积。

【程序设计】

```
/*  e4-8. cpp */
#include<cstdio>            //printf 和 scanf 调用 cstdio 库,在 C 中调用 stdio. h 库
using namespace std;
int main( )
```

```
{
    float s,h,up,down;          // float 定义 s,h,up,down 为单精度浮点型变量
    up=15;                      //已知上底
    down=25;                    //已知下底
    h=2*150/up;                 //根据上底求出梯形的高
    s=(up+down)*h/2;            //求出梯形的面积
    printf("s=%0.2f\n",s);// \n 是换行控制符,0.2f 按实际位数输出,保留 2 位小数
    return 0;                   //结束程序,在竞赛中必须使用该语句
}
```

【运行结果】

s=400.00

【例 4.9】有一个牧场，牧场上的牧草每天都在匀速生长，这片牧场可供 15 头牛吃 20 天，或可供 20 头牛吃 10 天，那么，这个牧场每天新生的草量可供几头牛吃 1 天?

【算法分析】

解决这类问题的关键是利用牛吃的草量，最终求出这个牧场每天新生长的草量。

我们设 1 单位的草量为 1 头牛 1 天所需的草量，于是 15 头牛 20 天所食的草量为 300 单位(包括这 20 天内的新生草量)，20 头牛 10 天所食的草量为 200 单位(包括这 10 天内的新生草量)，两者的差值即为 10 天内的新生草量。

【程序设计】

```
/* e4-9.cpp */
#include<iostream>
using namespace std;
int main()
{
    int s1,s2,s3;                   //变量定义
    s1=15*20;                       //15 头牛 20 天所食的草量
    s2=20*10;                       //20 头牛 10 天所食的草量
    s3=(s1-s2)/(20-10);             //每天新生的草量单位数
    cout<<"s="<<s3<<endl;  //1 单位为 1 头牛 1 天所食的草量
    return 0;                       //结束程序
}
```

【运行结果】

s=10

【拓展学习】

【P4.7】鸡兔同笼，共有 35 个头，94 条足，问鸡兔各有多少只?

4.4 格式化输入/输出

4.4.1 使用C语言标准输入/输出

在4.1.3小节中，详细叙述了使用C语言标准输入/输出函数scanf()和printf()，进行C语言格式化输入/输出的方法。在此，再通过一个简单的实例，对C语言格式化输入/输出方法进一步了解。

【例4.10】分析并验证下面程序的输出结果。

【程序设计】

```
/* e4-10.cpp */
#include<cstdio>
int main()
{
    printf("%5d\n",12);
    printf("%05d\n",12);
    printf("%-5d\n",12);
    printf("%+5d\n",12);
    printf("%x %X\n",12,12);
    printf("%x %X\n",255,255);
    printf("%.4f\n",123.0);
    printf("%11.4f\n",12345.678);
    printf("%-11.4e\n",12345.678);
    return 0;
}
```

【输出结果】

```
   12
00012
12
 +12
c  C
ff  FF
123.0000
 12345.6780
1.2346e+004
```

4.4.2 使用 C++流格式化输入/输出

C++标准库提供了一组丰富的输入/输出功能，在 4.1.2 小节中，讨论了 C++编程中最基本和最常见的 cin、cout 等 I/O 操作，在此进一步讲述使用 C++流进行格式化输入/输出。

1. 常用的流状态

C++标准库中提供了流状态，常用的流状态及其说明如表 4.5 所示。

表 4.5 常用的流状态及其说明

流状态	说明
showpos	在正数(包括 0)前面显示+，在负数前面显示-
showbase	十六进制整数前加 0x，八进制整数前加 0
uppercase	十六进制格式用大写字母表示(默认为小写字母)
showpoint	浮点输出，即使小数点后都为 0 也加小数点
boolalpha	逻辑值 1 和 0 分别用 true 和 false 表示
left	左对齐(填充字符填在右边)
right	右对齐(填充字符填在左边)
dec	十进制显示整数
hex	十六进制显示整数
oct	八进制显示整数
fixed	定点数格式输出
scientific	科学计数法格式输出

取消流状态的操作方式：noshowpos，noshowbase，nouppercase，noshowpoint，noboolalpha。

left 与 right 是相互独立的，设置了此就取消了彼。dec、hex、oct 三者也是相互独立的，设置了此就取消了彼。而 fixed 与 scientific 和其他一般显示方式三者也是独立的，设置了此就取消了彼。

【C++输出实例说明】

```
cout<<showpos<<12;                          //输出:+12
cout<<hex<<18<<' '<<showbase<<18;           //输出:12 0x12
cout<<hex<<255<<' '<<uppercase<<255;        //输出:ff FF
cout<<123.0<<' '<<showpoint<<123.0;         //输出:123 123.000
cout<<(2>3)<<' '<<boolalpha<<(2>3);         //输出:0 false
cout<<fixed<<' '<<12345.678;                //输出:12345.678000
cout<<scientific<<' '<<12345.678;           //输出:1.2345678e+004
```

2. 有参数的 3 个常用的流状态

(1)width(int)：设置显示宽度。

(2)fill(char)：设置填充字符。

(3)precision(int)：设置有效位数(普通显示方式)或精度(定点或科学计数法)。

这些流状态是以 cout 捆绑调用的形式设置的，不能与<<连用。

特别注意 width(n)为一次性操作，即第二次显示时将不再有效，默认为 width(0)，表示仅显示数值。例如：

```
cout.width(5)
cout.fill('S')              //默认为空
cout<<23                    //输出:SSS23
```

前两行代码，每次输出之前都要调用。

3. 与 << 连用的流状态设置方式

还有另一种与<<连用的设置方式，但在使用时要包含另一个头文件<iomanip>。

(1)setw(int)：设置显示宽度。

(2)setfill(char)：设置填充字符。

(3)setprecision(int)：设置有效位数(普通显示方式)或精度(定点或科学计数法)。

【注意】

数据规模很大时，流的输入/输出速度会变得很慢，甚至数据还没读完就已经超时了。在进行输入/输出之前加入“ios::sync_with_stdio(false);”语句，调用之后，用 cin、cout 输入/输出的速度就和 scanf()、printf() 的速度一样了。

【例 4.11】分析并验证下面程序的输出结果。

【程序设计】

```
/* e4-11.cpp */
#include<iostream>
#include<iomanip>          //I/O 流控制头文件
using namespace std;
int main()
{
    cout<<showpos<<12<<noshowpos<<endl;
    cout<<hex<<18<<" "<<showbase<<18<<noshowbase<<endl;
    cout<<255<<" "<<uppercase<<255<<nouppercase<<endl;
    cout<<dec<<123.0<<" "<<showpoint<<123.0<<noshowpoint<<endl;
    cout<<(2>3)<<" "<<boolalpha<<(2>3)<<noboolalpha<<endl;
    cout<<fixed<<" "<<12345.678<<endl;
    cout<<fixed<<setprecision(3)<<12345.678<<endl;
    cout<<scientific<<" "<<12345.678<<endl;
    cout<<scientific<<setprecision(7)<<12345.678<<endl;
    return 0;
}
```

【输出结果】
+12
12 0x12
ff FF
123 123. 000
0 false
12345. 678000
12345. 678
1. 235e+004
1. 2345678e+004
【拓展学习】
【P4. 8】输入一个浮点数，输出这个浮点数的绝对值，保留到小数点后两位。
样例输入：-3. 1415926
样例输出：3. 14

课外设计作业

4. 1 编程计算 $y = \sin^2(\pi/4) + \sin(\pi/4)\cos(\pi/4) + \cos^2(\pi/4)$。
4. 2 输入 3 个数，编程计算并输出它们的平均值以及 3 个数的乘积。
4. 3 输入圆的半径 R，编程计算圆的面积和周长。
4. 4 加法计算器。编程由键盘输入两个整数 a 和 b，将它们的和输出到屏幕上。
4. 5 某梯形的上底、下底和高分别为 8，12，9，编程计算该梯形的面积。
4. 6 已知圆柱体的高为 12，底面圆的半径为 7，编程计算圆柱体的体积和表面积。
4. 7 输入华氏温度 f，编程计算对应的摄氏温度 c，保留 3 位小数($c=5(f-32)/9$)。

第5章　选择结构及其应用程序设计

5.1　关系运算符和逻辑运算符

5.1.1　关系运算符和关系表达式

关系运算是将两个值进行比较，判断比较结果是否符合条件。比较两个量大小关系的运算符称为关系运算符，如大于关系运算符为“>”。

关系运算符包括大于(>)、大于等于(>=)、小于(<)、小于等于(<=)、等于(==)、不等于(!=)，共6种。

关系运算符为双目运算符，需要两个操作数，结合性为左结合。

关系运算符的运算优先级低于算术运算符，高于赋值运算符。在6种关系运算符中，“<”“<=”“>”和“>=”的运算优先级相同，高于“==”和“!=”(此两种运算符的运算优先级相同)。例如：

c>a+b 等效于 c>(a+b)

a>b==c 等效于(a>b)==c

a==b<c 等效于 a==(b<c)

a=b>c 等效于 a=(b>c)

推荐在关系运算中添加“()”来表示不同的关系运算，如“a=(b>c)”。

关系表达式是用关系运算符将两个数值或数值表达式连接起来的式子，一般形式如下：

表达式　　关系运算符　　表达式

其中，表达式可以是变量、数据或表达式，例如，下面都是合法的关系表达式：

a >b　a+b>b+c　(a==3)>(b==5)　"a"<"b"　(a>b)>(b<c)

x > 3/2　'a'+1 < c　-i-5*j==k+1　a > (b > c)　a !=(c==d)

关系表达式一般形式中的表达式也可以是关系表达式，因此会出现嵌套的情况，如“a>(b>c)”“a!=(c==d)”等。

关系表达式的值是“真”或“假”，用“1”或“0”表示，当条件成立时结果为1，条件不成立时结果为0。例如：

5>0，成立，其值为 1。

34-12>100，不成立，其值为 0。

(a=3)>(b=5)，由于 3>5 不成立，故其值为 0。

使用关系运算符应注意如下事项。

(1)不能将实数用“==”或“!=”与任何数字比较。无论是 float 型变量，还是 double 型变量，都有精度限制，所以要避免将浮点型变量用“==”或“!=”与数字比较，应该设法转化成“>=”或“<=”形式。例如，float 型变量 x 与“零值”比较，应写为“(x>=-1e-6) && (x<=1e-6)”，其中 1e-6 是允许的误差(精度)。

(2)“=”或“==”的意义不同。例如，“int a=0，b=1;”，“a=b”表示将变量 b 的值赋给变量 a，结果为 1；“a==b”表示比较变量 a 与变量 b 的值是否相等，结果为 0。

(3)关系运算符的比较需要注意浮点型数值的比较，小的舍入的误差可能会造成预料之外的结果。特别是在比较两个浮点数是否相等的情况下，不建议使用“==”进行比较。一种常用的解决方法是，考虑当两个数足够接近时，就认为它们是相等的。例如：

```
bool IsEqual(double dX,double dY)
{
    const double dEpsilon=0.000001;      //或其他更小的数
    return fabs(dX- dY) <=dEpsilon*fabs(dX);
}
```

5.1.2 逻辑运算符与逻辑表达式

逻辑运算符用于逻辑运算，对逻辑值(真或假)进行操作，包括逻辑与(&&)、逻辑或(||)和逻辑非(!)。

逻辑运算符中的与运算符“&&”和或运算符“||”为双目运算符，具有左结合性。非运算符“!”为单目运算符，具有右结合性。常用逻辑(位)运算符的作用真值表如表 5.1 所示。

表 5.1 常用逻辑(位)运算符的作用真值表

p	*q*	*p* && *q* (*p* & *q*)	*p* || *q* (*p* | *q*)	*p* ^ *q*	!*p* (~*p*)
true (1)	true (1)	true (1)	true (1)	false (0)	false (0)
true (1)	false (0)	false (0)	true (1)	true (1)	false (0)
false (0)	true (1)	false (0)	true (1)	true (1)	true (1)
false (0)	false (0)	false (0)	false (0)	false (0)	true (1)

逻辑运算的求值规则如下。

(1)与运算(&&)：参与运算的两个量都为真时，结果才为真；否则为假。例如“(2>1) && (3>2)”，由于“2>1”为真，“3>2”为真，因此进行与运算后结果也为真。

(2)或运算(||)：参与运算的两个量只要有一个为真，结果的为真；只有当两个量都为假时，结果才为假。例如“(2<1) || (3>2)”，由于“2<1”为假，“3>2”为真，因此进行或运算后结果为真。

(3)非运算(!)：参与运算的量为真时，结果为假；参与运算的量为假时，结果为真。例如，“!（2>1）”，由于“2>1”为真，因此进行非运算后结果为假。

逻辑运算的结果为“真”和“假”两种，用“1”和“0”表示，结果只能是“1”或“0”，不可能是其他数值。在进行逻辑运算判断一个量为真还是为假时，运算量0作为假，非0作为真。例如，1和2均为非0，因此“1&&2”的值为真，即为1。

由表3.7可以看出，逻辑运算符与其他主要运算符的运算优先级关系如下：

逻辑非(!)>算术运算符>关系运算符>逻辑与(&&)>逻辑或(‖)>赋值

对于3个逻辑运算符，其优先级关系为：逻辑非(!)>逻辑与(&&)>逻辑或(‖)。例如，“!a‖（a>b）”等价于“(!a)‖（a>b）”，“a‖b&&c”等价于“a‖（b&&c）”。

逻辑运算符“&&”和“‖”的运算优先级低于关系运算符，高于赋值运算符。例如，“a<x && x<b”等价于“(a<x) && (x<b)”，“a==b‖x==y”等价于“(a==b)‖(x==y)”，“a+b>c && x+y<b”等价于“((a+b)>c) && ((x+y)<b)”。

逻辑表达式是用逻辑运算符将关系表达式或逻辑量连接起来的有意义的式子，一般形式如下：

表达式 逻辑运算符 表达式

其中，表达式可以是逻辑量或逻辑表达式。例如，“a&&b”“!a‖b”“a<b && x<y”“a!=b‖x!=y”“5>3&&2‖8<4-!0”等。

逻辑表达式的值是式中各种逻辑运算的最后值，以“1”和“0”分别表示“真”和“假”。

逻辑表达式具有短路特性。对逻辑表达式求解时，并非所有的逻辑运算都会被执行，只有在必须执行下一个逻辑运算符才能求出逻辑表达式的值时，才会执行该运算。例如“a&&b&&c”，只有在a为真时，才判别b的值；只有在a、b都为真时，才判别c的值。如果a为假，则不对b和c求值；如果a为真，b为假，则不对c求值。再如“a‖b‖c”，只有在a为假时，才判别b的值；只有在a、b都为假时，才判别c的值。如果a为真，则不对b和c求值；如果a为假，b为真，则不对c求值。

5.1.3 条件运算符

“?:”是条件运算符，它是C/C++中唯一一个三目运算符，其运算格式如下：

A? B: C

如果A不为false，那么返回B；否则返回C。

“?:”也是短路运算符，如果A不为false，那么实际上结果就是B。

5.2 if语句

用if语句可以构成选择结构(或称分支结构)，if语句对给定条件进行判断，以决定执行某个分支程序段。

5.2.1 if 语句的 3 种形式

1. 形式 1：基本 if 语句

基本 if 语句的格式如下：

if(表达式)
　　语句或语句块；

其含义是，如果表达式的值为真，则执行其后的语句或语句块；否则不执行该语句或语句块。基本 if 语句流程如图 5.1 所示。

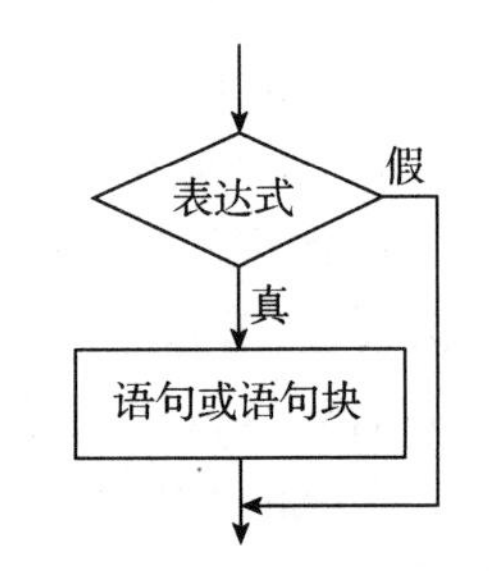

图 5.1 基本 if 语句流程

【例 5.1】输入一个整数 a，如果 a 为偶数，则在屏幕上输出 even。

样例输入：6

样例输出：even

【算法分析】

利用直接输出法。

【程序设计】

```
/* e5-1.cpp */
#include<iostream>
using namespace std;
int main()
{
    int a;
    cin>>a;
    if(a%2==0)
        cout<<"even"<<endl;
    return 0;
}
```

【提示】

关系运算符“==”用来表达该符号左右两边是否相等，不要写成赋值号“=”。

【拓展学习】

【P5.1】输入一个整数 a，如果 a 为奇数，则在屏幕上输出 odd。

【例 5.2】输入两个整数 a 和 b，按代数值从小到大的顺序输出这两个数。

样例输入：

824　16

样例输出：

16　824

【算法分析】

利用三变量法。

【程序设计】

```
/* e5-2.cpp  利用三变量法*/
#include<iostream>
using namespace std;
int main()
{
    int a,b,t;
    cin>>a>>b;
    if(a>b)
    {
        t=a;a=b;b=t;
    }
    cout<<a<<" "<<b<<endl;
    return 0;
}
```

【提示】

三变量法是较为常用的程序设计方法，需要熟练掌握！

【拓展学习】

【P5.2】输入3个整数 a，b 和 c，按代数值从小到大的顺序输出这3个数。

2. 形式2：if-else 语句

if-else 语句的格式如下：

```
if(表达式)
    语句或语句块1;
else
    语句或语句块2;
```

其含义是，如果表达式的值为真，则执行其后的语句或语句块1；否则执行语句或语句块2。if-else 语句流程如图5.2所示。

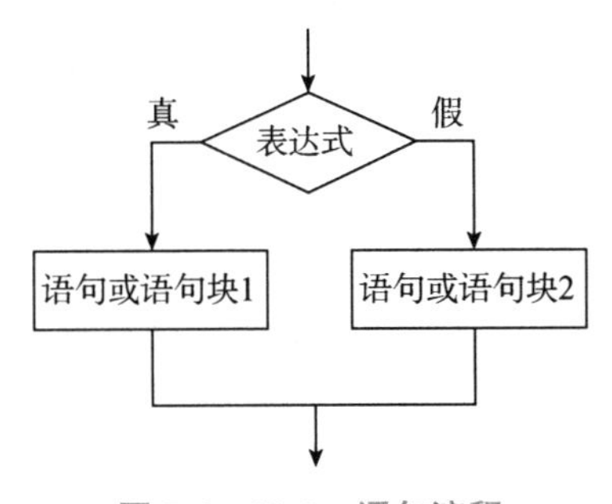

图5.2 if-else 语句流程

【例5.3】输入两个整数 a 和 b，输出其中代数值较大的数。

样例输入：

824　16

样例输出：
824
【算法分析】
直接输出法。
【程序设计】

```
/* e5-3. cpp   直接输出法*/
#include<iostream>
using namespace std;
int main( )
{
    int a,b;
    cin>>a>>b;
    if( a>b)
        cout<<a<<endl;
    else
        cout<<b<<endl;
    return 0;
}
```

【拓展学习】
【P5. 3】输入两个整数 a 和 b，按代数值从小到大的顺序输出这两个数。
【例 5. 4】判断某年(year)是不是闰年。闰年满足下列条件之一。
(1)能被 4 整除，但不能被 100 整除。
(2)既能被 4 整除，又能被 400 整除。
样例输入：
2024
样例输出：
yes
【算法分析】
综合运用算术、关系和逻辑表达式，可写出判断闰年的表达式如下：

(year%4==0&&year%100!=0) || (year%4==0&&year%400==0)

若上述表达式为真，则 year 为闰年；否则不是闰年。
还可写成判断非闰年的表达式如下：

(year%4!=0) || (year%100==0&&year%400!=0)

若上述表达式为真，则 year 为非闰年；否则是闰年。
【程序设计】

```
/* e5-4. cpp */
#include<iostream>
using namespace std;
int main( )
```

```
{
    int year;
    cin>>year;
    if((year%4==0&&year%100!=0)||(year%4==0&&year%400==0))
        cout<<"yes"<<endl;
    else
        cout<<"no"<<endl;
    return 0;
}
```

【拓展学习】

【P5.4】输入温度 t 的值，判断是否适合晨练（$25 \leqslant t \leqslant 30$，则适合晨练，输出 yes，否则不适合，输出 no）。

3. 形式 3：if-else-if 语句

if-else-if 语句的格式如下：

```
if(表达式 1)
    语句或语句块 1;
else if(表达式 2)
    语句或语句块 2;
...
else if(表达式 n)
    语句或语句块 n;
else
    语句或语句块 n+1;
```

其含义是，依次判断表达式的值，当某个表达式的值为真时，执行其对应的语句或语句块，然后跳到整个 if 语句之外继续执行后续语句。如果所有表达式的值均为假，则执行语句或语句块 n+1，然后继续执行后续语句。if-else-if 语句流程如图 5.3 所示。

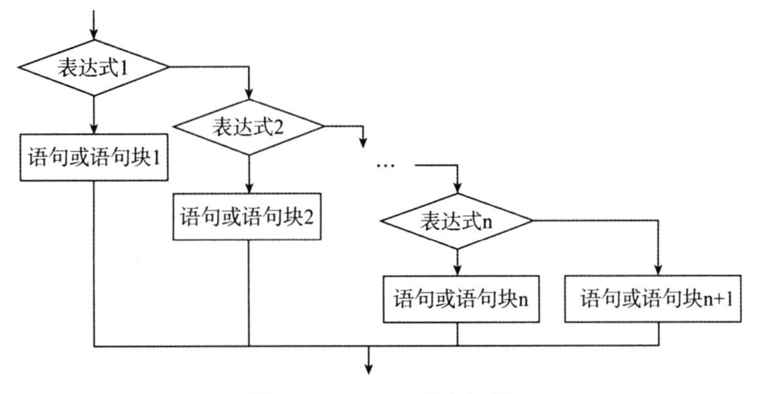

图 5.3　if-else-if 语句流程

【例 5.5】输入 3 个整数 a、b 和 c，输出其中代数值最大的数。

样例输入：

11　44　22

样例输出：
44
【算法分析】
直接输出法。
【程序设计】

```
/* e5-5. cpp */
#include<iostream>
using namespace std;
int main( )
{
    int a,b,c,maxn;
    cin>>a>>b>>c;
    if( a>b&&a>c)
        maxn=a;
    else if( b>a&&b>c)
        maxn=b;
    else
        maxn=c;
    cout<<maxn<<endl;
    return 0;
}
```

【拓展学习】
【P5. 5】输入 3 个整数 a，b 和 c，输出其中代数值最小的数。

5. 2. 2 嵌套 if 语句

当 if 语句的执行“语句”又是另外一个 if 语句时，就构成了 if 语句嵌套，其一般形式如下：

```
if(表达式)
    if 语句;
```

或

```
if(表达式)
    语句或语句块;
else
    if 语句;
```

或

```
if(表达式)
    if 语句;
    else
            if 语句;
```

在 if 语句中，else 不能独立存在，它必定是 if 语句的一部分。

嵌套内的 if 语句有可能是 if-else 或 if-else-if 形式，这样会出现多个 if 和 else 重叠的情况，此时要注意 if 和 else 的配对问题。

if-else 的配对原则是，没有“{}”时，else 总是和它上面离它最近的未配对的 if 配对。为了能够正确实现 if-else 的配对，可以在适当位置加“{}”。例如，以下 if-else 形式：

```
if(表达式 1)
    if (表达式 2)
        语句 1;
else
    语句 2;
```

应该理解为

```
if(表达式 1){
    if (表达式 2)
        语句 1;
    else
        语句 2;
}
```

【例 5.6】利用嵌套 if 语句，比较两个数的大小关系。

【程序设计】

```
/* e5-6. cpp      利用嵌套 if 语句*/
#include<iostream>
using namespace std;
int main( )
{
    int a,b;
    cin>>a>>b;
    if( a!=b)
        if( a>b)
            cout<<"a>b"<<endl;
        else
            cout<<"a<b"<<endl;
    else
        cout<<"a=b"<<endl;
    return 0;
}
```

【例 5.7】利用嵌套 if-else-if 语句，比较两个数的大小关系。

【程序设计】

```
/* e5-7. cpp      利用嵌套 if- else- if 语句*/
#include<iostream>
```

```
using namespace std;
int main( )
{
      int a,b;
      cin>>a>>b;
      if( a= =b)
            cout<<"a=b"<<endl;
      else
            if( a>b)
                  cout<<"a>b"<<endl;
            else
                  cout<<"a<b"<<endl;
      return 0;
}
```

【例 5. 8】利用嵌套 if 语句，判断某年 year 是不是闰年。

【算法分析】

在【例 5. 4】中用逻辑表达式表示闰年的条件，对于年份能被 400 整除，或者能被 4 整除但不能被 100 整除的闰年条件，也可以进行如下表示：

$$\text{year\%400==0?}\begin{cases}\text{是，输出“是闰年”}\\ \text{否，year\%4==0?}\begin{cases}\text{是，year\%100!=0?}\begin{cases}\text{是，输出“是闰年”}\\ \text{否，输出“不是闰年”}\end{cases}\\ \text{否，输出“不是闰年”}\end{cases}\end{cases}$$

【程序设计】

```
/* e5-8. cpp */
#include<iostream>
using namespace std;
int main( )
{
      int year;
      cin>>year;
      if( year%400= =0)
            cout<<year<<"是闰年"<<endl;
      else
            if( year%4= =0)
                  if( year%100!=0)
                        cout<<year<<"是闰年"<<endl;
                  else
                        cout<<year<<"不是闰年"<<endl;
            else
                        cout<<year<<"不是闰年"<<endl;
      return 0;
}
```

【拓展学习】

【P5.6】利用嵌套 if 语句，比较3个数的大小关系。

【P5.7】利用嵌套 if-else-if 语句，比较3个数的大小关系。

【P5.8】某商场优惠活动规定，某商品一次购买5件以上(包含5件)、10件以下(不包含10件)打9折，一次购买10件以上(包含10件)打8折。设计程序根据单价、折扣和客户的购买量计算总价。

5.2.3　条件运算符(三目运算符)

C/C++有一个常用来代替 if-else 语句的操作符"?:"，这个操作符被称为条件运算符或三目运算符，它是 C/C++中唯一一个需要3个操作数的操作符。该操作符的通用格式如下：

A? B：C

如果 A 不为 false，那么返回 B；否则返回 C。例如，"x=5>3? 10：12"，因为"5>3"为 true，所以"x=10"；"x=3==9? 25：18"，因为"3==9"为 false，所以"x=18"。

【例5.9】利用条件运算符，输出两个数中代数值最大的数。

【程序设计】

```
/* e5-9.cpp      利用条件运算符*/
#include<iostream>
using namespace std;
int main()
{
    int a,b,c;
    cin>>a>>b;
    c=a>b? a:b;
    cout<<c<<endl;
    return 0;
}
```

【拓展学习】

【P5.9】利用条件运算符，输出两个数中代数值最小的数。

与 if-else 语句相比，条件运算符更简洁。这两种方法的区别是，条件运算符返回一个值，可以将其赋给变量或者将其放到一个更大的表达式中，例如，"x=a>b? (c>d? e:f):g"相当于以下代码:

```
if(a>b)
{
    if(c>d)
        x=e;
```

```
        else
            x=f;
    }
    else
        x=g;
```

从可读性来说，条件运算符最适合于简单关系和简单表达式的值，当代码变得更复杂时，使用 if-else 语句表达更为清晰。

5.3 switch 语句

5.3.1 switch 语句的基本格式

应用条件语句可以很方便地使程序实现分支，但是出现分支比较多的时候，虽然可以用嵌套 if 语句来解决，但是程序结构会显得很复杂，甚至凌乱。为方便实现多情况选择，C/C++提供了一种 switch 开关语句，其一般格式如下：

```
switch（表达式）
{
    case 常量表达式 1:
        语句或语句块 1;
        break;
    case 常量表达式 2:
        语句或语句块 2;
        break;
    …
    case 常量表达式 n:
        语句或语句块 n;
        break;
    default:
        语句或语句块 n+1;
};
```

switch 语句根据表达式的值，执行 case 相应值下面的代码段，执行完毕后，遇到 break 语句，退出选择分支结构；若表达式的值在 case 后无对应的值，则执行 default 下面的代码段，执行完毕后，退出选择分支结构。其流程如图 5.4 所示。

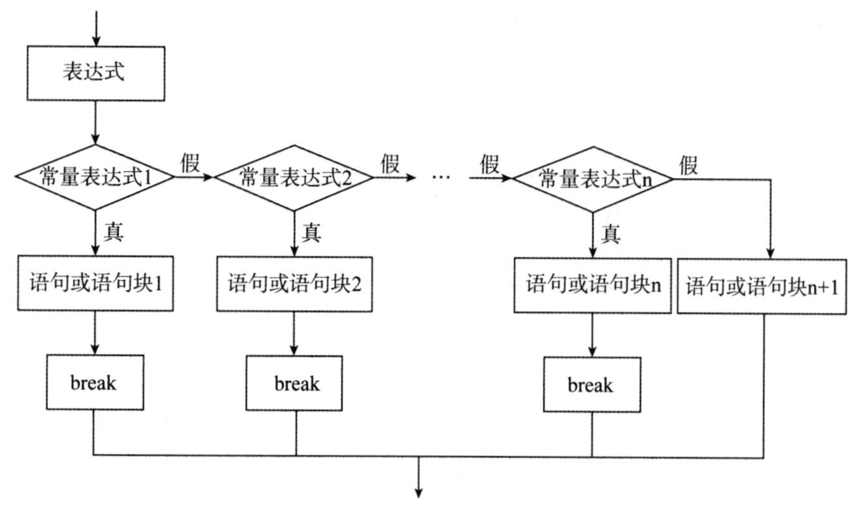

图 5.4　switch 语句流程

switch 语句主要用于多个分支的情况，经常用于菜单、输入选择匹配控制。

对于 switch 语句应注意如下事项。

(1) 表达式可以是整型、字符型或枚举型等，常量表达式的类型必须与表达式的类型相同，可以是整型、字符型或枚举型等。

(2) 常量表达式的值必须唯一，不能相同，否则会引起歧义；先后顺序没有要求，不影响程序的执行结果。

(3) 关键词 case 或 default 后，可包含多条语句，无须加“{}”。

(4) default 部分根据需要可省略不写。

(5) 有时可以几种情况(多个 case)公用一组语句，当满足不同常量表达式时，执行相同的语句。

5.3.2　switch 语句应用程序设计

【例 5.10】根据输入的表示星期几的数字，对应输出它的英文名称。

【程序设计】

```
/* e5-10.cpp */
#include<iostream>
using namespace std;
int main()
{
    int weekday;
    cin>>weekday;
    switch(weekday)
    {
```

```
            case 1:cout<<"Monday"<<endl;break;
            case 2:cout<<"Tuesday"<<endl;break;
            case 3:cout<<"Wendnesday"<<endl;break;
            case 4:cout<<"Thursday"<<endl;break;
            case 5:cout<<"Friday"<<endl;break;
            case 6:cout<<"Saturday"<<endl;break;
            case 7:cout<<"Sunday"<<endl;break;
            default:cout<<"input error!"<<endl;
        }
        return 0;
    }
```

【例 5. 11】恩格尔系数是德国统计学家恩格尔在 19 世纪提出的反映一个国家和地区居民生活水平状况的定律，计算公式如下：

$$N=人均食物支出金额 \div 人均总支出金额 \times 100\%$$

联合国根据恩格尔系数的大小，对世界各国的生活水平有一个划分标准，即一个国家平均家庭恩格尔系数大于等于 60% 为贫穷；50% ~ 60% 为温饱；40% ~ 50% 为小康；30% ~ 40% 为相对富裕；20% ~ 30% 为富裕；20% 以下为极其富裕。

【算法分析】

这是一个多重选择的问题，使用 switch 语句来描述此问题的解决过程更为直观。

设 x 表示人均食物支出金额，y 表示人均总支出金额，则恩格尔系数为“x/y * 100”，然而，“x/y * 100”是一个实数，如果作为 switch 表达式，则需要先转换为整型数。

设 n 为整型变量，求“x/y * 100”四舍五入的值为“n=x/y * 100+0. 5”。

这里 n 的值分布在 0 ~ 100 之间，作为 switch 表达式寻找与之匹配的 case 值的范围太大也不合适，进一步分析题意可以发现，n 的值是以 10 为间隔改变生活水平的，因此可以用“n/10”作为 switch 表达式。

【程序设计】

```
/* e5-11. cpp */
#include<iostream>
using namespace std;
int main( )
{
    int n;
    float x,y;
    cin>>x>>y;
    n=x/y*100+0. 5;
    switch( n/10)
    {
        case 0:case 1:cout<<"极其富裕"<<endl;break;
        case 2:cout<<"富裕"<<endl;break;
```

```
            case 3:cout<<"相对富裕"<<endl;break;
            case 4:cout<<"小康"<<endl;break;
            case 5:cout<<"温饱"<<endl;break;
            default:cout<<"贫穷"<<endl;
        }
        return 0;
    }
```

【拓展学习】

【P5.10】一个最简单的计算器支持加、减、乘、除4种运算。输入只有一行：两个参加运算的数和一个操作符(+、-、*、/)。输出运算表达式的结果。考虑下面两种情况。

(1)如果出现除数为0的情况，则输出"Divided by zero!"。

(2)如果出现无效的操作符(即不为+、-、*、/之一)，则输出"Invalid operator!"。

输入样例：

34 56 +

输出样例：

90

课外设计作业

5.1 有一函数：

$$y=\begin{cases}-x, & x<0\\0, & x=0\\x, & x>0\end{cases}$$

编写程序，输入一个 x 值，输出 y 值。

5.2 输入3个整数，输出其中的最大数和最小数。

5.3 输入一个日期，判断它所在的年份是否为闰年，并输出所在月份的天数。

【提示】2月，闰年29天，非闰年28天。

5.4 输入一百分制成绩，要求输出成绩等级A、B、C、D、E。其中90分及90分以上为A，80～89分为B、70～79分为C、60～69分为D、60分以下为E。

第 6 章　循环结构及其应用程序设计

在实际应用中，经常会遇到许多有规律性的重复运算，这就需要掌握循环结构及其应用程序设计。C/C++程序的循环结构主要有两种方式：for 循环和 while 循环。在 while 循环中，又有两种方式：while 循环和 do-while 循环。

6.1　for 语句

6.1.1　for 语句的基本格式

for 语句的基本格式如下：

for (循环变量赋初值；循环条件；循环变量增值)
循环体(语句或语句块)；

for 语句流程如图 6.1 所示。

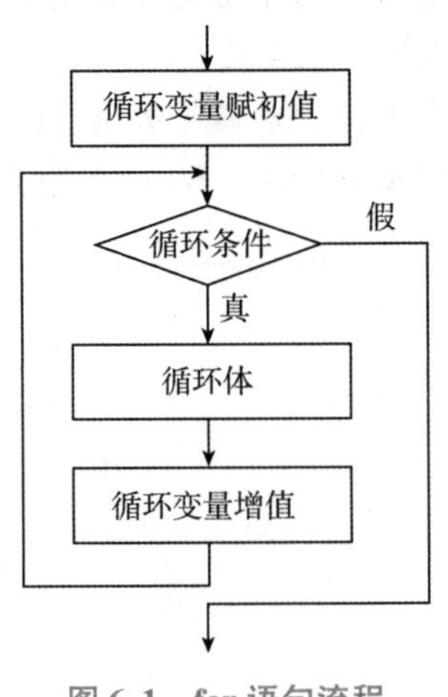

图 6.1　for 语句流程

for 语句的执行过程中下。

(1)执行“循环变量赋初值”。

(2)判断“循环条件”。若其值为真，则执行 for 语句中指定的“循环体(语句或语句块)”，再执行第 3 步；若其值为假，则结束循环，跳转到第 5 步。

(3)执行“循环变量增值”。

(4)返回到第 2 步继续执行。

(5)循环结束，执行 for 语句下面的语句。

从这个执行过程中可以看出，“循环变量赋初值”只执行一次，循环是在“循环条件”“循环体(语句或语句块)”和“循环变量增值”之间进行的。

for 语句中的循环变量赋初值、循环条件、循环变量增值可以全部省略，也可以部分省略，但三者之间的两个分号(;)不能省略。

【例 6.1】编写程序，求 1+2+…+100 的值。

【算法分析】

设 i 为循环变量，初值为 1，设 s 为表达式的值，初值为 0；循环条件为循环变量 i 小于等于 100，或 i 小于 101；循环体为“s=s+i;”，循环变量增值为 i 自动加 1(i++)。

【程序设计】

```
/* e6-1.cpp */
#include<iostream>
using namespace std;
int main()
{
    int i,s=0;
    for(i=1;i<=100;i++)
    {
        s=s+i;
    }
    cout<<s<<endl;
    return 0;
}
```

【拓展学习】

【P6.1】编写程序，求 $n!$（注意表达式初值的设置）。

【例 6.2】编写程序，求人口增长。

某国现有 X 亿人口，按照每年 0.1% 的增长速度，n 年后将有多少人口？结果保留小数点后 4 位。

【算法分析】

第 1 年：x=x(1+0.001)

第 2 年：x=x(1+0.001)(1+0.001)

…

第 n 年：x=x(1+0.001)…(1+0.001)　//(1+0.001) 相乘 n 次

【程序设计】

```
/* e6-2. cpp */
#include<iostream>
#include<iomanip>
using namespace std;
int main( )
{
    double x,n;
    cin>>x>>n;
    for( int i=1;i<=n;i++)
        x*=1. 001;      //x=x*1. 001
    cout<<fixed<<setprecision(4)<<x<<endl;
    return 0;
}
```

【拓展学习】

【P6. 2】编写程序，求 1+2+…+n 的值。

6. 1. 2 break 语句和 continue 语句

1. break 语句

在 C/C++中，break 语句有以下两个作用。

(1)直接中断当前正在执行的语句，如 switch 语句。

(2)跳出它所在的程序块，主要用于循环语句中，强迫退出循环，使循环终止。

例如：

```
for( r=1;r<=10;r++)
{
    area=pi*r*r;
    if( area>100)
        break;
    cout<<area<<endl;
}
```

【例 6. 3】分析下列程序和程序的输出结果，运行程序对输出结果进行验证。

```
/* e6-3. cpp */
#include<iostream>
using namespace std;
int main( )
{
    int sum=0;
```

```
        for(int i=1;i<=10;i++)
        {
            if(i%3==0)
                break;
            else
            {
                cout<<i<<endl;
                sum+=i;
            }
        }
        cout<<sum<<endl;
        return 0;
    }
```

2. continue 语句

continue 语句主要用于循环体中，用来结束本次循环或跳转到外层循环中。无标号的 continue 语句，表示结束本次循环；有标号的 continue 语句，可以选择哪一层的循环被继续执行。

通常，每次循环都是从循环体的第一条语句开始，一直到最后一条语句结束。在循环中，continue 语句起到循环体逻辑上的最后一条语句的作用，而非实际上的最后一条语句，它使程序转移到循环程序的开始。

【例 6.4】输出 100～200 之间不能被 3 整除的整数。

```
/* e6-4.cpp */
#include<iostream>
using namespace std;
int main()
{
    int i;
    for(int i=100;i<=200;i++)
    {
        if(i%3==0)
            continue;
        cout<<i<<endl;
    }
    return 0;
}
```

3. break 语句和 continue 语句的区别

break 语句和 continue 语句都用于循环语句中，但两者存在本质的区别。

continue 语句只结束本次循环，再进行下一次循环进行结束条件判断，而不是终止整个循环的执行；而 break 语句则是终止整个循环，不再进行条件判断。

6.1.3 循环嵌套

一个循环体内又包含一个完整的循环，称为循环嵌套。

实际问题可能非常复杂，编写程序时，经常用到循环嵌套。使用循环嵌套时，内外层次要清晰，不能交叉，同时内外层的循环变量不能重名。

【例6.5】编写程序，输出九九乘法表。

```
1*1=1
1*2=2     2*2=4
1*3=3     2*3=6     3*3=9
…
1*9=9     2*9=18     …
```

【算法分析】

设 i 为行变量，范围为 1~9；j 为列变量，范围为 1~j<=i；列变量 j * 行变量 i=j * i。

第 1 行：i=1，j=1；

第 2 行：i=2，j=1；i=2，j=2；

…

每行结束，cout<<endl;

【程序设计】

```
/* e6-5.cpp */
#include<iostream>
using namespace std;
int main( )
{
    int i,j;
    for(i=1;i<=9;i++)
    {
        for(j=1;j<=i;j++)
        {
            cout<<j<<"*"<<i<<"="<<i*j<<"      ";
        }
        cout<<endl;
    }
    return 0;
}
```

【拓展学习】

【P6.3】编写程序，输出下列数字图形。

1
22
333
4444
55555

6.2　while 语句与 do-while 语句

6.2.1　while 语句与 do-while 语句的基本格式

while 语句是先判断循环条件，后执行循环体；do-while 语句是先执行循环体，后判断循环条件。

1. while 语句

while 语句的基本格式如下：

```
while (循环条件){
    循环体(语句或语句块);
}
```

while 语句流程如图 6.2 所示，它的执行过程如下。

如果“循环条件”为真，则执行下面的“循环体(语句或语句块)”；语句执行完之后再判断“循环条件”是否为真，如果为真，则再次执行下面的“循环体(语句或语句块)”；然后再判断 “循环条件”是否为真……，就这样一直循环下去，直到“循环条件”为假，跳出循环。

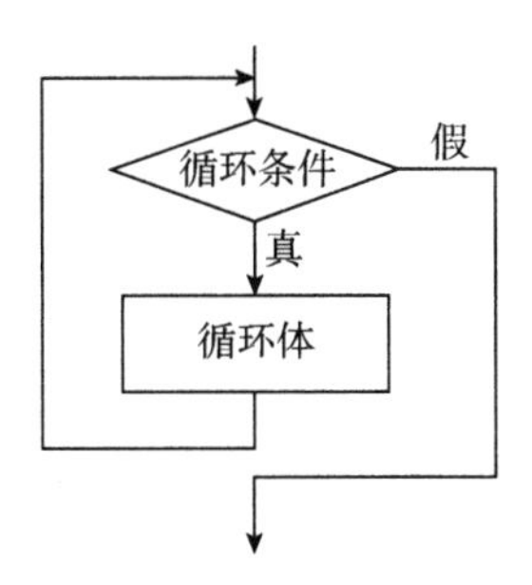

图 6.2　while 语句流程

2. do-while 语句

do-while 语句的基本格式如下：

```
do{
    循环体(语句或语句块);
}while (循环条件);
```

do-while 语句流程如图 6.3 所示，它的执行过程如下。

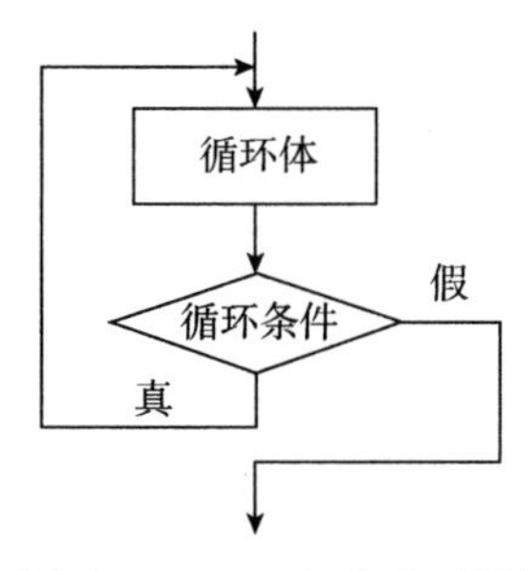

图 6.3 do-while 语句流程

首先执行“循环体(语句或语句块)”，然后判断下面的“循环条件”，如果“循环条件”为真，则继续执行上面的“循环体(语句或语句块)”，然后再判断下面的“循环条件”，直到“循环条件”为假，跳出循环。

6.2.2 while 语句与 do-while 语句应用程序设计

【例 6.6】编写程序，分别用 while 语句与 do-while 语句输出 1+2+…+100 的整数。

【算法分析】

设 i 为循环变量，初值为 1；设 s 为表达式的值，初值为 0；循环条件为循环变量 i 小于等于 100，或 i 小于 101；循环体为“s=s+i；i++;”。

【程序设计 1】

```
/*  e6-6-1.cpp   while */
#include<iostream>
using namespace std;
int main()
{
    int i=1,s=0;
    while(i<=100)
    {
        s=s+i;i++;
    }
    cout<<s<<endl;
    return 0;
}
```

【程序设计 2】

```
/*  e6-6-2.cpp   do-while */
#include<iostream>
using namespace std;
int main()
```

```
{
    int i=1,s=0;
    do
    {
        s=s+i;i++;
    }while(i<=100);
    cout<<s<<endl;
    return 0;
}
```

【拓展学习】

【P6.4】编写程序，分别用 while 语句与 do-while 语句输出 1×2×⋯×100 的整数。

【例 6.7】编写程序，求两个整数的最小公倍数。

样例输入：

8 12

样例输出：

24

【算法分析】

假定有两个数 x，y，且 x>y，设最小公倍数为 z，则

(1)z 一定会大于等于 x。

(2)令 z=x。

(3)若 z 能被 y 整除，则 z 一定是两个整数的最小公倍数。

(4)若 z 不能被 y 整除，令 z=z+x，转(3)。

若 x<y，则可以把两者交换，以上说明仍然成立。

【程序设计】

```
/* e6-7.cpp */
#include<iostream>
using namespace std;
int main()
{
    int x,y,z;
    cin>>x>>y;
    if(x<y)
    {
        z=x;x=y;y=z;
    }
    z=x;
    while(z%y!=0)        //z 不能被 y 整除
        z=z+x;
    cout<<z<<endl;
    return 0;
}
```

【拓展学习】

【P6.5】编写程序，求两个整数的最大公约数。

【算法分析】

假定有两个数 x，y，且 x>y，设最大公约数为 z，则

(1)z 一定会小于等于 y。

(2)令 z=y。

(3)若 x，y 均能被 z 整除，则 z 一定是两个整数的最大公约数。

(4)若 x，y 有一个数不能被 z 整除，令 z=z-1，转(3)。

若 x<y，则 z 一定会小于等于 x，以上说明仍然成立。

【例 6.8】求自然对数的底 e 的近似值，公式如下：

$$e=1+\frac{1}{1!}+\frac{1}{2!}+\cdots+\frac{1}{k!}$$

当 k 很大时，$1/k!$ 会很小，要求 $c=1/k! \leqslant 10^{-10}$。

【算法分析】

```
long k=1;
double e=0,c=1.0
long k=1;
do{
    e=e+c;c=1.0;
    for(int i=1;i<=k;i++)            //求 c=1/k!
        c=c/i;
    k++;
}while(c>1e-10);                     //判断条件
```

【程序设计】

```
/* e6-8.cpp */
#include<iostream>
using namespace std;
int main()
{
    double e=0,c=1.0;
    long k=1;
    do
    {
        e=e+c;
        c=1.0;
        for(int i=1;i<=k;i++)
            c=c/i;
        k++;
    } while(c>1e-10);
```

```
    cout<<e<<endl;
    return 0;
}
```

【拓展学习】

【P6.6】圆周率的近似值 π 可以用以下公式计算：

$$\pi/4=1-1/3+1/5-1/7+\cdots$$

请你计算当某项的绝对值小于 10^{-6}时，π 的近似值是多少？

【例 6.9】输入一个大于 3 的整数，判断它是否为素数(质数)。

【算法分析】

假定 n 是一个大于 3 的整数，i 是一个从 2～(n-1)的变量。采用的算法是让 n 被 i 整除，如果 n 能被 i 整除，则 n 不是素数，提前结束循环(使用 break 语句)。

【程序设计】

```
/* e6-9.cpp */
#include<iostream>
using namespace std;
int main()
{
    int n,i;
    cin>>n;
    for(i=2;i<=n-1;i++)            //也可简写为 i<=sqrt(n)
        if(n%i==0)break;
    if(i<n)
        cout<<n<<"不是素数"<<endl;
    else
        cout<<n<<"是素数"<<endl;
    return 0;
}
```

【拓展学习】

【P6.7】编写程序，求 4～1 000 之间的所有素数。

6.3　逻辑思维与计算机解题

6.3.1　逻辑思维

逻辑思维(Logical Thinking)，是思维的一种高级形式，是指符合某种人为制订的思维规则和思维形式的思维方式。我们所说的逻辑思维主要指遵循传统形式逻辑规则的思维方式，常称它为“抽象思维(Abstract thinking)”或“闭上眼睛的思维”。

逻辑思维是确定的，而不是模棱两可的；是前后连贯的，而不是自相矛盾的；是有条理、有根据的思维。在逻辑思维中，要用到概念、判断、推理等思维形式和比较、分析、综合、抽象、概括等方法，而掌握和运用这些思维形式和方法的程度，也就是逻辑思维的能力。

逻辑思维是人们在认识过程中借助概念、判断、推理等思维形式能动地反映客观现实的理性认识过程，又称为理性思维。只有经过逻辑思维，人们才能达到对具体对象本质规定的把握，进而认识客观世界。它是人的认识的高级阶段，即理性认识阶段。

计算机强大的逻辑分析功能是由人通过程序赋给它的，一些逻辑问题必须转换成计算机能够理解的数学表达式和程序指令。

逻辑运算符与逻辑表达式的论述详见5.1.2小节。

6.3.2 利用逻辑思维进行计算机解题

【例6.10】4名同学有一名做了好事不留名，校长问这4名同学是谁做的好事。

A说：不是我。

B说：是C。

C说：是D。

D说：他胡说。

已知其中3名同学说的是真话，一名同学说的是假话。根据这些消息找出做好事的学生。

【算法分析】

(1)可首先对A、B、C、D和做好事的学生stu赋值。

(2)写出4名同学所说的逻辑关系，对逻辑关系值分别相加，其和为sum。

(3)对每名同学分别进行假设(是做好事的学生)，如果逻辑关系值为3，令找到结果后的标志变量bz为1，则可根据假设找出做好事的学生。

【程序设计】

```
/* e6-10.cpp */
#include<iostream>
using namespace std;
int main()
{
    int A=1,B=2,C=3,D=4,stu,sum=0,bz=0;
    for(int k=1;k<=4;k++)
    {
        stu=k;
        sum=(stu!=A)+(stu==C)+(stu==D)+(stu!=D);
        if(sum==3)
        {
            bz=1;
            switch (stu)
```

```
                {
                    case 1:cout<<"A";break;
                    case 2:cout<<"B";break;
                    case 3:cout<<"C";break;
                    case 4:cout<<"D";break;
                }
                cout<<endl;
            }
        }
        if(bz!=1)
        cout<<"NO"<<endl;
        return 0;
    }
```

【例6.11】3个人比饭量大小，每人说了两句话。

A说：B比我吃得多，C和我吃得一样多。

B说：A比我吃得多，A也比C吃得多。

C说：我比B吃得多，B比A吃得多。

事实上，饭量越小的人讲对的话越多。编程按饭量的大小输出3个人的顺序。

【算法分析】

利用暴力求解法，设a、b、c分别为A、B、C 3人的饭量。

【程序设计】

```
/* e6-11.cpp */
#include<iostream>
using namespace std;
int main()
{
    int a,b,c,sa,sb,sc;
    for(a=1;a<=3;a++)
      for(b=1;b<=3;b++)
        for(c=1;c<=3;c++)
        {
          sa=(b>a)+(c==a);
          sb=(a>b)+(a>c);
          sc=(c>b)+(b>a);
          if((sa==2)&&(a==1)&&(b>a)&&(c>a))
            if(b>c)
                cout<<"B C A"<<endl;
            else
                cout<<"C B A"<<endl;
            if((sb==2)&&(b==1)&&(a>b)&&(c>b))
                if(a>c)
```

```
                    cout<<"A C B"<<endl;
                else
                    cout<<"C A B"<<endl;
            if((sc==2)&&(c==1)&&(a>c)&&(b>c))
                if(a>b)
                    cout<<"A B C"<<endl;
                else
                    cout<<"B A C"<<endl;
    }
    return 0;
}
```

【例 6.12】某地刑侦大队对涉及 6 名嫌疑人的一桩疑案进行分析。

(1)A、B 至少一人作案。

(2)A、D 不可能是同案犯。

(3)A、E、F 3 人中至少 2 人作案。

(4)B、C 或同时作案，或与本案无关。

(5)C、D 中有且只有一人作案。

(6)如果 D 没有参与作案，则 E 也不可能作案。

试编写程序，将作案人找出来。

【算法分析】

设 a、b、c、d、e、f 分别为 A、B、C、D、E、F 6 人是否作案，C1、C2、C3、C4、C5、C6 为 6 种作案情况分析逻辑值，n 为未作案，y 为作案，对分析结果分别赋值，然后利用暴力求解法。

(1)A、B 至少一人作案。	(A‖B)
(2)A、D 不可能是同案犯。	!(A&&D)
(3)A、E、F 3 人中至少 2 人作案。	(A&&E)‖(A&&F)‖(E&&F)
(4)B、C 或同时作案，或与本案无关。	(B&&C)‖(!B&&!C)
(5)C、D 中有且只有一人作案。	(C&&!D)‖(!C&&D)
(6)如果 D 没有参与作案，则 E 也不可能作案。	D‖(!D&&!E)

【程序设计】

```
/* e6-12.cpp */
#include<iostream>
using namespace std;
int main()
{
    int c1,c2,c3,c4,c5,c6;
    for(int a=0;a<=1;a++)
        for(int b=0;b<=1;b++)
            for(int c=0;c<=1;c++)
                for(int d=0;d<=1;d++)
```

```
                    for(int e=0;e<=1;e++)
                        for(int f=0;f<=1;f++)
                        {
                          c1=a||b;
                          c2=!(a&&d);
                          c3=(a&&e)||(a&&f)||(e&&f);
                          c4=(b&&c)||(!b&&!c);
                          c5=(c&&!d)||(!c&&d);c6=d||(!d&&!e);
                        if(c1+c2+c3+c4+c5+c6==6)
                        {
                          cout<<"A:"<<(a==0?"n":"y")<<endl;
                          cout<<"B:"<<(b==0?"n":"y")<<endl;
                          cout<<"C:"<<(c==0?"n":"y")<<endl;
                          cout<<"D:"<<(d==0?"n":"y")<<endl;
                          cout<<"E:"<<(e==0?"n":"y")<<endl;
                          cout<<"F:"<<(f==0?"n":"y")<<endl;
                        }
                  }
    return 0;
}
```

【拓展学习】

【P6.8】A、B、C 是小学老师，各教两门课，互不重复。共有如下 6 门课：语文、算术、政治、地理、音乐和美术。已知：

(1)政治老师和算术老师是邻居；

(2)地理老师比语文老师年龄大；

(3)B 最年轻；

(4)A 经常对地理老师和算术老师讲他看过的文学作品；

(5)B 经常和音乐老师、语文老师一起游泳。

请编写程序，求出 A、B、C 各教哪两门课。

【拓展示例说明】

由于本节知识具有一定难度，尤其是对初学者，故在此提供算法分析与程序设计，仅供参考。

【算法分析】

(1)A、B、C 3 位老师的年龄可用 a、b、c 分别表示，由于只有 3 位老师，故 a、b、c 分别取 3 个数，即 1、2、3 就可区分出每位老师年龄的大小。

(2)语文、算术、政治、地理、音乐和美术 6 门课分别用 yw、ss、zz、dl、yy、ms 表示，每门课可分别取 1、2、3 这 3 个数与老师的年龄排序对应起来。

(3)运用暴力搜索法，当 3 位老师的年龄不同，即 a、b、c 分别取两两不相等的数时，对给出的逻辑进行判断，同时对教课数进行统计即可，如果每位老师各教两门课，则条件成立。

【程序设计】

```
/* p6-8. cpp */
#include<iostream>
using namespace std;
int main( )
{
    int a,b,c,yw,ss,zz,dl,yy,ms,a1 =0,b1 =0,c1 =0,lj;
      for( a=1;a<=3;a++)
        for( b=1;b<=3;b++)
          for( c=1;c<=3;c++)
            for( yw=1;yw<=3;yw++)
              for( ss=1;ss<=3;ss++)
                for( zz=1;zz<=3;zz++)
                  for( dl=1;dl<=3;dl++)
                    for( yy=1;yy<=3;yy++)
                      for( ms=1;ms<=3;ms++)
                      if( ( a!=b) &&( a!=c) &&( b!=c) )
                      {
                        lj=( zz!=ss) &&( dl>yw) &&( b==1) &&( a!=dl) &&( a!=ss) &&( dl!=ss)
                        &&( yy!=yw) &&( yy!=b) &&( yw!=b);
                        if( lj==1)
                        {
                          if( yw==a) a1++;
                          if( ss==a) a1++;
                          if( zz==a) a1++;
                          if( dl==a) a1++;
                          if( yy==a) a1++;
                          if( ms==a) a1++;
                          if( yw==b) b1++;
                          if( ss==b) b1++;
                          if( zz==b) b1++;
                          if( dl==b) b1++;
                          if( yy==b) b1++;
                          if( ms==b) b1++;
                          if( yw==c) c1++;
                          if( ss==c) c1++;
                          if( zz==c) c1++;
                          if( dl==c) c1++;
                          if( yy==c) c1++;
                          if( ms==c) c1++;
                          if( ( a1==2) &&( b1==2) &&( c1==2) )
```

```
                    {
                        cout<<"A:";
                        if(yw==a)cout<<"yw ";
                        if(ss==a)cout<<"ss ";
                        if(zz==a)cout<<"zz ";
                        if(dl==a)cout<<"dl ";
                        if(yy==a)cout<<"yy ";
                        if(ms==a)cout<<"ms ";
                        cout<<endl;
                        cout <<"B:";
                        if(yw==b)cout<<"yw ";
                        if(ss==b)cout<<"ss ";
                        if(zz==b) cout<<"zz ";
                        if(dl==b)cout<<"dl ";
                        if(yy==b)cout<<"yy ";
                        if(ms==b)cout<<"ms ";
                        cout<<endl;
                        cout<<"C:";
                        if(yw==c)cout<<"yw ";
                        if(ss==c)cout<<"ss ";
                        if(zz==c)cout<<"zz ";
                        if(dl==c)cout<<"dl ";
                        if(yy==c)cout<<"yy ";
                        if(ms==c)cout<<"ms ";
                        cout<<endl;
                    }
                }
            }
    return 0;
}
```

课外设计作业

6.1 输入 20 个数，求其中的最大数、最小数，正数、负数、0 的个数。

6.2 编写输出 1! +2! +3! +…+n! 的程序，要求分别使用 for、while、do-while 语句。

6.3 编写输出 1+1/3+1/5+…+1/99 的程序，要求分别使用 for、while、do-while 语句。

6.4 已知序列 1/2，2/3，3/5，5/8，…求其前 100 项之和，要求分别使用 for、while、do-while 语句。

6.5　编写程序，分别输出下列矩阵。

1	1	*	1	11111
22	12	* * *	121	2222
333	123	* * * * *	12321	333
4444	1234	* * * * * * *	1234321	22
55555	12345	* * * * * * * * *	123454321	1

6.6　5家空调机厂的产品在一次质量评比活动中分获前5名。评比前大家就已知道E厂的产品肯定不是第2名和第3名。

A厂的代表猜：E厂的产品稳获第1名。

B厂的代表猜：我厂的产品可能获第2名。

C厂的代表猜：A厂的产品质量最差。

D厂的代表猜：C厂的产品不是最好的。

E厂的代表猜：D厂的产品会获第1名。

评比结果公布，只有获第1名和第2名的两个厂的代表猜对了。请编程给出A、B、C、D、E各获第几名。

第 7 章　数组及其应用程序设计

数组是在程序设计中，为了处理方便，把具有相同类型的若干元素按无序的形式组织起来的一种形式。这些无序排列的同类数据元素的集合称为数组。也就是说，数组是用于储存多个相同类型数据的集合。C/C++支持一维数组和多维数组。

7.1　一维数组及其应用程序设计

7.1.1　一维数组的定义

如果一个数组的所有元素都不是数组，那么该数组称为一维数组。在 C/C++中，使用数组必须先进行定义。一维数组的定义方式如下：

类型说明符 数组名[常量表达式]；

其中，类型说明符是任意一种基本数据类型或构造数据类型；数组名是用户定义的数组标识符；方括号中的常量表达式表示数据元素的个数，也称数组的长度。例如：

```
int a[10];              //说明整型数组 a 有 10 个元素
float b[10],c[20];      //说明浮点型数组 b 有 10 个元素,浮点型数组 c 有 20 个元素
char ch[20];            //说明字符数组 ch 有 20 个元素
```

对于数组类型的说明应注意以下 4 点。

(1)数组类型实际上是指数组元素的取值类型。对于同一个数组，其所有元素的数据类型都是相同的。

(2)数组名的书写规则应符合标识符的书写规定。

数组名不能与其他变量名相同。例如：

```
int a;
float a[10];
```

是错误的。

(3)方括号中的常量表达式表示数组元素的个数，如 a[5]表示数组 a 有 5 个元素。但是其下标从 0 开始计算。因此，5 个元素分别为 a[0]，a[1]，a[2]，a[3]，a[4]。

不能在方括号中用变量来表示数组元素的个数，但是可以是符号常数或常量表达式。例如：

```
#define FD 5
//...
int a[3+2],b[7+FD];
```

是合法的。

但是下述说明方式是错误的。

```
int n=5;int a[n];
```

(4)允许在同一个类型说明中，说明多个数组和多个变量。例如：

```
int a,b,c,d,k1[10],k2[20];
```

7.1.2 一维数组元素的引用

数组元素是组成数组的基本单元，也是一种变量，其标识方法为数组名后跟一个下标。下标表示元素在数组中的顺序号。

数组元素的一般形式如下：

数组名[下标]

其中，下标只能为整型常量或整型表达式。如果其为小数，则 C 语言编译将自动取整。例如，a[5]，a[i+j]，a[i++]等都是合法的数组元素。

数组元素通常也称下标变量。必须先定义数组，才能使用下标变量。例如，“int a[10];”一共 10 个元素，下标分别为 0 ~9。访问某个元素时，直接用变量 a 加方括号。

C/C++中数组的下标只能从 0 开始(当然可以闲置不用)，并且“int a[10]”中 a 的最后一个元素是 a[9]，不是 a[10]。

C/C++不检查数组下标是否越界，如果下标越界，那么程序很有可能会崩溃。

一维数组也称线性表，有定长和不定长两种，如 a[100]、a[ ]。

在 C/C++中只能逐个地使用下标变量，而不能一次性引用整个数组。例如，输出有 10 个元素的数组必须使用循环语句逐个输出各下标变量：

```
for(i=0;i<10;i++) cout<<a[i];
```

而不能用一个语句输出整个数组。因此，“cout<<a;”的写法是错误的。

7.1.3 一维数组的初始化

给数组赋值的方法除了用赋值语句对数组元素逐个赋值外，还可采用初始化赋值的方法。

数组初始化赋值是指在数组定义时给数组元素赋初值。数组初始化是在编译阶段进行的。这样将减少运行时间，提高运行效率。

初始化赋值的一般形式如下：

类型说明符 数组名[常量表达式]={值，值…，值}；

其中，在{ }中的各数据值即为各元素的初值，各值之间用逗号间隔。例如，“int a[10]={0，1，2，3，4，5，6，7，8，9}；”相当于“a[0]=0；a[1]=1；…；a[9]=9；”。

C/C++对数组的初始化赋值还有以下3点规定。

(1)可以只给部分元素赋初值。当{ }中数据值的个数少于元素个数时，只给前面的元素赋值。例如，“int a[10]={0，1，2，3，4}；”表示只给a[0]~a[4]这5个元素赋值，而后5个元素自动赋0值。

(2)只能给元素逐个赋值，不能给数组整体赋值。例如，给10个元素全部赋1值，只能写为“int a[10]={1，1，1，1，1，1，1，1，1，1}；”，而不能写为“int a[10]=1；”。

(3)如果给全部元素赋值，则在数组说明中，可以不给出数组元素的个数。例如：“int a[5]={1，2，3，4，5}；”可写为“int a[ ]={1，2，3，4，5}；”。

7.1.4 一维数组的应用及其应用程序设计

【例7.1】分数管理。

输入 n 个学生的数学分数(按学号次序，分制为100满分)，输出平均分、最高分和最低分。

样例输入：

10

66 32 45 78 90 87 90 66 58 99

样例输出：

71　99　　32

【算法分析】

利用一维数组，进行数据输入和比较。

【程序设计】

```
/* e7-1.cpp */
#include<iostream>
using namespace std;
int a[100];     //在主函数之外进行全局变量设置,初始值均为0
int main()
{
    int i,n,k,s=0,max=0,min=100;     //max=0,min=100
    cin>>n;
    for(i=0;i<n;i++)
```

```
    {
        cin>>a[i];
        s=s+a[i];
        if(a[i]>max)max=a[i];
        if(a[i]<min)min=a[i];
    }
    cout<<s/n<<" "<<max<<"   "<<min<<endl;
    return 0;
}
```

【例 7.2】逆序输出。

输入一些整数，将其逆序输入一行中，已知整数不超过 100 个。

【算法分析】

利用一维数组，按标号从小到大进行数据输入，按标号从大到小进行数据输出。

【程序设计】

```
/* e7-2.cpp */
#include<iostream>
using namespace std;
int a[100];
int main()
{
    int i,x,n=0;
    cin>>n;
    for(i=0;i<n;i++)
        cin>>a[i];
    for(i=n-1;i>=0;i--)
        cout<<a[i]<<" ";
    cout<<endl;
    return 0;
}
```

【例 7.3】线性查找。

输入一个数，利用数组进行查找，若能找到，则输出该数在数组中的位数；否则，输出 N。

【算法分析】

key 与每个数逐个比较。

【程序设计】

```
/* e7-3.cpp */
#include<iostream>
using namespace std;
```

```
int main( )
{
    int i,key,aSize=10;
    const int a[ ]={1,3,5,7,9,11,13,15,17,19};
    cin>>key;
    for(i=0;i<aSize;i++)
    if(a[i]==key)
    {
        cout<<i<<endl;
        break;
    }
    if(i==aSize)
      cout<<"N";
  return 0;
}
```

【例 7.4】折半查找。

输入一个数，利用数组进行折半查找，若能找到，则输出该数在数组中的位数；否则，输出 N。

【算法分析】

设置 3 个指针：low，middle，high

令　middle=(low+high)/2

　　key=a[middle]

若　key < a[middle]→high=middle-1

若　key > a[middle]→low=middle+1

【程序设计】

```
/* e7-4.cpp */
#include<iostream>
using namespace std;
int main( )
{
    int i,key,aSize=10,low,high,middle;
    low=0;
    high=aSize-1;
    const int a[ ]={1,3,5,7,9,11,13,15,17,19};
    cin>>key;
    while(low<=high)
    {
        middle=(low+high)/2;
        if(key==a[middle])
```

```
            {
                cout<<middle<<endl;
                break;
            }
            else if( key<a[ middle] )
                high=middle-1;
            else
                low=middle+1;
        }
        if( low>high)
            cout<<"N";
        return 0;
    }
```

【例 7.5】排序问题。

输入 n 个学生的语文成绩，按升序对学生成绩进行排序。

样例输入：

6

88 66 77 99 100 99

样例输出：

66 77 88 99 99 100

【算法分析】

排序是一种重要的、基本的算法。常见的排序算法有冒泡排序、选择排序(这两个复杂度是一样的，都是 $O(n^2)$)、希尔排序(是目前效率最高的排序算法，复杂度为 $O(n\lg n)$)，另外还有插入排序(希尔排序就是在此基础上改进的)、快速排序、归并排序、基数排序等。

冒泡排序的基本思路：每次将相邻两个数比较，将小的调到前面，大的调到后面。经过 n-1 次比较交换，把最大的数放到最后面(冒泡)。

如此类推，经过 n-1 次“遍历”，即可把所有数据按升序排列完毕。

【程序设计】

```
/* e7-5.cpp */
#include<iostream>
using namespace std;
int a[100];
int main( )
{
    int i,j,t,n;
    cin>>n;
    for( i=0;i<n;i++)
        cin>>a[i];
    for( i=0;i<n-1;i++)
```

```
        for(j=0;j<n-1-i;j++)
            if(a[j]>a[j+1])
            {
                t=a[j];a[j]=a[j+1];a[j+1]=t;
            }
    for(i=0;i<n;i++)
        cout<<a[i]<<" ";
    return 0;
}
```

【拓展学习】

【P7.1】输入 n 个学生的语文成绩，按降序对学生成绩进行排序。

样例输入:

6

88 66 77 99 100 99

样例输出:

100 99 99 88 77 66

【例 7.6】使用筛法，利用数组求 100 以内的所有素数。

【算法分析】

将 100 个数看作沙子和小石头，沙子相当于非素数，小石头相当于素数，弄一个筛子，只要将沙子筛走，剩下的即是小石头(素数)。

将数组下标作为 100 个数，将数组元素的值作为筛去与否的标志。如果将素数设为 1，则非素数为 0。

【程序设计】

```
/* e7-6.cpp */
#include<iostream>
#include<cmath>
using namespacestd;
int f[105];
int i,j,k,n,m;
int main()
{
    int i,j;
    f[1]=1;
    for(i=2;i<=100;i++)
    {
        for(j=2;j<=i;j++)
            if(i%j==0)
                break;
        if(j==i)
            f[i]=1;
    }
    for(int i=1;i<=100;i++)
```

```
            if(f[i]==1)
                cout<<i<<' ';
        cout<<endl;
        return 0;
    }
```

7.2 二维数组及其应用程序设计

7.2.1 二维数组的定义

二维数组与一维数组相似，但是在用法上要比一维数组复杂一些。二维数组是以数组作为数组元素的数组，即“数组的数组”，本质就是一维数组，只不过形式上是二维的。能用二维数组解决的问题用一维数组也能解决。但是在某些情况下，例如矩阵，使用二维数组会更形象直观，但对于计算机而言，其与一维数组是一样的。

二维数组的定义方式如下：

类型说明符 数组名[常量表达式][常量表达式]；

定义一个二维数组“int a[2][4];”，这个数组一共有 2×4=8 个元素，分别是 a[0][0]，a[0][1]，a[0][2]，a[0][3]，a[1][0]，…，a[1][3]。访问某个元素时要用两个方括号，如 a[1][2]。

与一维数组一样，二维数组的行序号和列序号的下标都是从 0 开始的。元素 a[i][j] 表示第 i+1 行、第 j+1 列的元素。数组 int a[m][n]最大范围处的元素是 a[m-1][n-1]。因此，在引用数组元素时应该注意，下标值应在定义的数组大小的范围内。

二维数组又称矩阵，行列数相等的矩阵称为方阵。对称矩阵 a[i][j]=a[j][i]，对角矩阵为 n 阶方阵，其主对角线外都是 0 元素。

此外，与一维数组一样，定义数组时用到的“数组名[常量表达式][常量表达式]”和引用数组元素时用到的“数组名[下标][下标]”是有区别的。前者是定义一个数组，以及该数组的维数和各维的大小；后者仅是元素的下标，像坐标一样，对应一个具体的元素。

C/C++对二维数组采用这样的定义方式，使二维数组可被看作一种特殊的一维数组，即它的元素为一维数组。例如，int a[3][4]可以看作有 3 个元素，每个元素都为一个长度为 4 的一维数组。而且 a[0]，a[1]，a[2] 分别是这 3 个一维数组的数组名。下面用一个实例来验证说明。

【例 7.7】编写程序，验证 int a[3][4]可以看作是由 a[0]，a[1]，a[2] 这 3 个一维数组组成的数组。

【算法分析】

利用字节测试函数 sizeof( )即可测出数组结构的长度。

【程序设计】

```
/* e7-7. cpp */
#include<iostream>
using namespace std;
int main( void)
{
    int a[3][4]={{1,2,3,4},{5,6,7,8},{9,10,11,12}};
    cout<< sizeof(a[0])<<"   ";
    cout<< sizeof(a[1])<<"   ";
    cout<< sizeof(a[2])<<endl;
    return 0;
}
```

【运行结果】

16　16　16

可见，a[0] 确实是第一行一维数组的数组名，其他同理。

在 C/C++中，二维数组中元素排列的顺序是按行存放的，即在内存中先顺序存放第 1 行的元素，再存放第 2 行的元素，依次存放，如图 7. 1 所示。

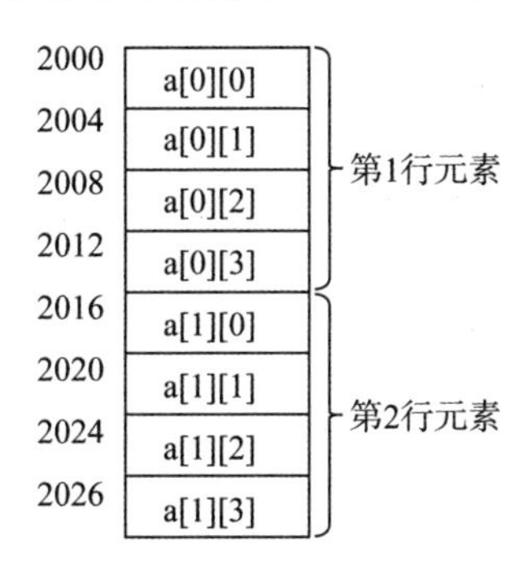

图 7. 1　二维数组 int a[2][4]在计算机内部的存储示意

7. 2. 2　二维数组的初始化

可以用下面的方法对二维数组进行初始化。

(1)分行给二维数组赋初值，例如，“int a[3][4]={{1,2,3,4},{5,6,7,8},{9,10,11,12}};”，这种赋初值的方法比较直观，将第 1 个花括号内的数据赋给第 1 行的元素、第 2 个花括 号内的数据赋给第 2 行的元素……，即每行看作一个元素，按行赋初值。

(2)也可以将所有数据写在一个花括号内，按数组排列的顺序对各元素赋初值，例如，“int a[3][4]={1,2,3,4,5,6,7,8,9,10,11,12};”，其效果与第 1 种方法是一样的。但第 1 种方法更好，一行对一行，界限清楚。第 2 种方法如果数据多，写成一大片，则容易遗漏，也不易检查。

(3)也可以只对部分元素赋初值，例如，“int a[3][4]={{1,2},{5},{9}};”，它的作用是对第 1 行的前两个元素赋值、第 2 行和第 3 行的第 1 个元素赋值。其余元素自动为 0。

如果在定义数组时就对全部元素赋初值，即完全初始化，则第一维的长度可以不指定，但第二维的长度不能省。例如，“int a[3][4]={1,2,3,4,5,6,7,8,9,10,11,12};”等价于“int a[][4]={1,2,3,4,5,6,7,8,9,10,11,12};”，系统会根据数据总数和第二维的长度算出第一维的长度。但这种省略的写法几乎不使用，因为可读性差。

(4)二维数组“清零”，例如，“int a[3][4]={0};”，其中每一个元素都是0。

7.2.3 二维数组的应用及其应用程序设计

二维数组有行和列，那么如何输出里面的元素呢？一维数组中，数组的元素只能一个一个输出，二维数组也不例外。在一维数组中是用一个 for 循环进行输出的，而二维数组元素的输出要使用两个 for 循环嵌套。

【例7.8】已知4名学生的数理化成绩分别为{78，85，79}，{63，72，70}，{86，78，93}，{74，76，77}，求出并显示每个学生的平均成绩及总的平均成绩。

【算法分析】

使用二维数组。

【程序设计】

```
/* e7-8.cpp */
#include<iostream>
using namespace std;
float stu[4][3]={{78,85,79},{63,72,70},{86,78,93},{74,76,77}};
float c[4];
int main()
{
    float sum;
    for(int i=0;i<4;i++)
    {
        for(int j=0;j<3;j++)
            c[i]+=stu[i][j];
        cout<<c[i]/3<<" ";
        sum+=c[i]/3;
    }
    cout<<sum/4<<endl;
    return 0;
}
```

【例7.9】二维数组。

将一个二维数组(矩阵)的行和列的元素互换，存到另一个二维数组(矩阵)中。例如：

$$\boldsymbol{A}=\begin{bmatrix}1 & 2 & 3\\4 & 5 & 6\end{bmatrix}\quad \boldsymbol{B}=\begin{bmatrix}1 & 4\\2 & 5\\3 & 6\end{bmatrix}$$

【算法分析】

可定义两个数组：数组 a 为2行3列，数组 b 为3行2列，将数组 a 中的元素 a[i][j]存放到数组 b 中的元素 b[j][i]中。

【程序设计】

```
/* e7-9. cpp */
#include<iostream>
using namespace std;
int main( )
{
    int a[2][3]={{1,2,3},{4,5,6}};
    int b[3][2];
    for( int i=0;i<2;i++)
    {
        for( int j=0;j<3;j++)
        {
            b[j][i]=a[i][j];
            cout <<a[i][j]<<" ";
        }
        cout<<endl;
    }
    cout<<endl;
    for( int i=0;i<3;i++)
    {
        for( int j=0;j<2;j++)
        {
            cout <<b[i][j]<<" ";
        }
        cout<<endl;
    }
    return 0;
}
```

【例7.10】输入一个 $n \times n$ 的矩阵，求出两条对角线上的元素之和。

【算法分析】

对角线的元素为 a[0][0],a[1][1],…,a[n-1][n-1]。另一条对角线的元素为 a[n-1][0],a[n-2][1],…,a[0][n-1]。

【程序设计】

```
/* e7-10. cpp */
#include<iostream>
using namespace std;
int a[10][10];
```

```
int main( )
{
    int n,sum=0;
    cin>>n;
    for( int i=0;i<n;i++)
        for( int j=0;j<n;j++)
            cin>>a[ i] [ j];
    for( int i=0,j=0;i<n;i++,j++)
        sum=sum+a[ i] [ j];
    for( int i=n- 1,j=0;i>=0;i- - ,j++)
        sum=sum+a[ i] [ j];
    cout<<sum<<endl;
    return 0;
}
```

【例 7. 11】两个矩阵相加。

【算法分析】

两个矩阵(二维数组)的行和列都必须一致，即

$$c[i][j]=a[i][j]+b[i][j]$$

【程序设计】

```
/* e7- 11. cpp */
#include<iostream>
using namespace std;
int a[ 4] [ 3] ,b[ 4] [ 3] ,c[ 4] [ 3] ;
int main( )
{
    for( int i=1;i<=3;i++)
        for( int j=1;j<=2;j++)
            cin>>a[ i] [ j]
        cout<<endl;
    for( int i=1;i<=3;i++)
        for( int j=1;j<=2;j++)
            cin>>b[ i] [ j];
        cout<<endl;
    for( int i=1;i<=3;i++)
    {
        for( int j=1;j<=2;j++)
        {
            c[ i] [ j] =a[ i] [ j] +b[ i] [ j];
            cout<<c[ i] [ j] <<" ";
        }
        cout<<endl;
```

```
    }
    return 0;
}
```

【例 7.12】两个矩阵相乘。

【算法分析】

第 2 个矩阵(二维数组)的行与第 1 个矩阵(二维数组)的列必须一致。

n×p 阶的矩阵 a 与 p×m 阶的矩阵 b 的乘积 c，是一个 n×m 的矩阵，其中，c 的任何一个元素 c[i][j]的值为矩阵 a 的第 i 行和矩阵 b 的第 j 列的 p 个元素对应乘积的和。

【程序设计】

```
/*  e7-12. cpp */
#include<iostream>
using namespace std;
int a[3][4],b[4][3],c[3][3];
int main()
{
    for(int i=1;i<3;i++)
        for(int j=1;j<4;j++)
            cin>>a[i][j];
        cout<<endl;
    for(int i=1;i<4;i++)
        for(int j=1;j<3;j++)
            cin>>b[i][j];
        cout<<endl;
    for(int i=1;i<3;i++)
    {
        for(int j=1;j<3;j++)
        {
            for(int k=1;k<4;k++)
                c[i][j]+=a[i][k]*b[k][j];
            cout<<c[i][j]<<" ";
        }
        cout<<endl;
    }
    return 0;
}
```

【例 7.13】输入 n，输出 $n \times n$ 的矩阵，矩阵的四周为 1，其他为 0。

样例输入：

5

样例输出：

1 1 1 1 1

1 0 0 0 1

1 0 0 0 1

1 0 0 0 1

1 1 1 1 1

【提示】

先修改，后输出。

修改条件：

```
if(i==1||i==n||j==1||j==n)
    a[i][j]=1;
```

【程序设计】

```
/* e7-13.cpp */
#include<iostream>
using namespace std;
int a[10][10];
int main()
{
    int n,sum=0;
    cin>>n;
    for(int i=1;i<=n;i++)
        for(int j=1;j<=n;j++)
            if(i==1||i==n||j==1||j==n)
                a[i][j]=1;
    for(int i=1;i<=n;i++)
    {
        for(int j=1;j<=n;j++)
            cout<<a[i][j]<<" ";
        cout<<endl;
    }
    return 0;
}
```

【拓展学习】

【P7.2】输出杨辉三角(要求输出10行)。

1

1　1

1　2　1

1　3　3　1

1　4　6　4　1

【提示】先修改，后输出。

7.3 字符与字符串

字符串(String)是由数字、字母、下划线组成的一串字符，一般记为 $s=a_1a_2\cdots a_n(n>0)$，它是编程语言中表示文本的数据类型。

字符串由字符组成，在 C/C++中，字符串其实就是字符数组，可以像处理普通数组一样处理字符串，只需要注意输入、输出和字符串函数的使用。

字符串最后一位必须是'\0'，否则会在进行输出、使用字符串函数时发生意外。

7.3.1 字符与字符的相互转换

字符用 ASCII 码表示。ASCII 码一览表详见附录一，在前面已作简要的描述，在此作进一步论述。

ASCII 码包括 0~9 十个数字、大小写英文字母及专用符号等 95 种可打印字符，还有 33 种控制字符(如回车、换行等)。

一个字符的 ASCII 码通常占一个字节，用 7 位二进制数编码组成，所以 ASCII 码最多可表示 128 个不同的符号。最高位作为校验码，以便提高字符信息传输的可靠性。

数字和字母的 ASCII 码按照数字递增顺序或字典顺序排列，大写字母和小写字母的 ASCII 码是不同的，如'A'=65，'a'=97，'Z'=90，'z'=122，'0'=48，' '=32(空格)。

【例 7.14】大小写字符转换。输入一个小写字符，将其转换成大写字符；再输入一个大写字符，将其转换成小写字符。

【算法分析】

大小写字符关系：'A'=65，'a'=97，'Z'=90，'z'=122。

小写字符值-32=大写字符值，大写字符值+32=小写字符值。

【程序设计】

```
/* e7-14.cpp */
#include<iostream>
#include<cstring>
using namespace std;
int main()
{
    char s1,s2;
    cin>>s1;
    s2=s1-32;
    cout<<s2<<endl;
    cout<<s1-32<<endl;
    cin>>s1;
    s2=s1+32;
```

```
    cout<<s2<<endl;
    cout<<s1+32<<endl;
    return 0;
}
```

【例 7.15】统计字符数。输入任意长度(不超过 100 个字符)的字符串，要求统计其中共有多少大写字母、小写字母、空格、数字和其他字符。

【算法分析】

char 是"字符型"字符，是一个特殊的整数，字符常量用单撇号表示。有的字符是可见的，有的字符是不可见的，如转义字符(\ )、换行符(\n)、空字符(NULL)、字符串结束符(\0)等。

【程序设计】

```
/* e7-15. cpp */
#include<iostream>
#include<cstring>
using namespace std;
int main( )
{
    int up=0,low=0,space=0,num=0,other=0;
    char str[100];
    gets(str);          //cin>>str 可否? scan("% s",str)呢? 均不支持空格
    for (int j=0;j < strlen(str);j++)       // strlen(str)求字符串长度
        if (str[j]>='A' &&str[j]<='Z' )
            up++;
        else if (str[j]>='a' &&str[j]<='z' )
            low++;
        else if (str[j]>='0' &&str[j]<='9' )
            num++;
        else if (str[j]==' ' )
            space++;
        else
            other++;
    cout<<up<<' '<<low<<' '<<num<<' '<<space<<' '<<other<<endl;
    return 0;
}
```

【例 7.16】密码翻译。在情报传递过程中，为了防止情报被截获，往往需要对情报用一定的方法加密，简单的加密算法虽然不足以完全避免情报被截获，但仍能防止情报被轻易识别。我们给出一种最简单的加密算法：对给定的一个字符串，把其中 a ~ y，A ~ Y 的每个字符用其后继字符替代，如把 a 和 A 分别用 b 和 B 替代，z 和 Z 用 a 和 A 替代，其他字符不变。

输入：
一行，长度小于 80 个字符。
输出：
一行，字符的加密字符串
【程序设计】

```
/* e7-16. cpp */
#include<iostream>
#include<cstring>
using namespace std;
char s[80];
int main()
{
    int n;
    gets(s); //cin>>s 输入字符串不含空格
    n=strlen(s);
    for(int i=0;i<n;++i)
    {
        if(s[i]=='z' || s[i]=='Z')
            s[i]=s[i]-25;
        else
            if(s[i]>='a' &&s[i]<='z' || s[i]>='A' &&s[i]<='Z')
                s[i]=s[i]+1;
        cout<<s[i];
    }
    return 0;
}
```

7.3.2　字符串的表示

字符串的表示方法有以下两种。
(1)数组表示，例如：char *s1="hello"；//char s1 表示什么？
(2)指针表示，例如：char s2[20]="boy"；//char s2 表示什么？
【注意】
在此，s1、s2 均为字符串变量，表示方法不同，实际一致。
【例 7.17】输入程序，分析并观察程序的输出结果。
【程序设计】

```
/* e7-17. cpp  注意字符串的两种表示方法 */
#include<iostream>
#include<cstring>
```

```
using namespace std;
int main( )
{
    int n1,n2;
    char *s1 = "hello";
    char s2[20] = "boy";
    cout<<s1<<endl;
    cout<<s2<<endl;
    return 0;
}
```

字符串中的字符处理有以下两种方法。

(1)指针字符串处理，如下列程序。

```
n1 = strlen(s1);
for(int i=0;i<n1;i++)
{
    cout<<*s1;
    s1++;
}
```

(2)数组字符串处理，如下列程序。

```
n2 = strlen(s2);
for(int i=0;i<n2;i++)
    cout<<s2[i];
```

【例7.18】输入程序，分析并观察程序的输出结果。

【程序设计】

```
/* e7-18.cpp   注意字符串中字符处理的两种方法 */
#include<iostream>
#include<cstring>
using namespace std;
int main( )
{
    int n1,n2;
    char *s1 = "hello";
    char s2[20] = "boy";
    n1 = strlen(s1);
    for(int i=0;i<n1;i++)        //指针字符串处理
    {
        cout<<*s1;
        s1++;
    }
```

```
        cout<<endl;
        n2=strlen(s2);      //数组字符串处理
        for(int i=0;i<n2;i++)
            cout<<s2[i];
        cout<<endl;
        return 0;
    }
```

7.3.3　字符串的操作

字符串的头文件为<cstring>，printf()和 scanf()在头文件<cstdio>中，cin 和 cout 在头文件<iostream>中。

下面假设待处理的字符串为 str1 和 str2，即 char str1[100]，str2[100]。

【注意】

字符串的最后一个字符一定是'\0'。如果字符串内没有'\0'，则进行以下操作(输入除外)时可能会造成错误。

1. 输出字符串 str1

```
cout<<str1;
printf("%s",str1);  // 输出到文件:fprintf(fout,"%s",str1);
```

2. 输入字符串 str1

```
cin>>str1;
scanf("%s",str1);  // 从文件输入:fscanf(fin,"%s",str1);
```

以上两种方法在输入时会忽略空格、回车、TAB 等字符，并且在一个或多个非空格字符后面输入空格时，会终止输入。

3. 求字符串 str1 的长度

```
strlen(str1)//这个长度不包括末尾的'\0'。
```

4. 把字符串 str2 连接到字符串 str1 的末尾

```
strcat(str1,str2)
```

str1 的空间必须足够大，能够容纳连接之后的结果。连接的结果直接保存到 str1 里，函数返回值为 &str1[0]。

5. 把 str2 的前 n 个字符连接到 str1 的末尾

```
strncat(str1,str2,n)
```

6. 把字符串 str2 复制到字符串 str1 中

```
strcpy(str1,str2)
```

7. 比较 str1 和 str2 的大小

```
strcmp(str1,str2)
```

如果 str1>str2，则返回 1；如果 str1==str2，则返回 0；如果 str1<str2，则返回-1。

8. 在 str1 中寻找一个字符 c

```
strchr(str1,'c')
```

返回值是一个指针，表示'c'在 str1 中的位置。

9. 在 str1 中寻找 str2

```
strstr(str1,str2)
```

返回值是一个指针，表示 str2 在 str1 中的位置。

10. 从 str1 中获取数据

```
sscanf(str1,"%d",&i);
```

11. 格式化字符串

```
sprintf(str1,"%d",i);
```

sprintf()和 fscanf()、fprintf()非常像，用法也类似，可以通过这两个函数进行数值与字符串之间的转换。

【例 7.19】输入程序，分析并观察程序的输出结果。

【程序设计】

```
/* e7-19.cpp  字符串操作实例 */
#include<iostream>
#iclude<cstring>
using namespace std;
int main()
{     char *s1="hello";
      char s2[20]="boy";
      char *s3="zhd";
      char ss[20]="you";
      cout<<strlen(s1)<<endl;  //5
      cout<<strlen(s2)<<endl;  //3
      cout<<strcmp(s1,s2)<<endl;  //1,s1>s2
      cout<<strcmp(s2,s1)<<endl;  //-1,s2<s1
      cout<<strcmp(s1,s3)<<endl;  //-1,s1<s3
      return 0;
}
```

【例7.20】输入程序，分析并观察程序的输出结果。
【程序设计】

```
/* e7-20. cpp */
#include<iostream>
using namespace std;
int main( )
{       char *s1 ="hello";
        char s2[20] ="boy";
        char *s3 ="zhd";
        char ss[20] ="you";
        cout<<strncat( ss,s1,2) <<endl;   //youhe
        cout<<strcat( ss,s1) <<endl;   //youhehello
        //cout<<strcat( s3,s1) <<endl;   //非法
        cout<<strcpy( s2,ss) <<endl;   //youhehello,字符串数组可以复制
        //cout<<strcpy( s3,s1) <<endl;   //非法
        cout<<strchr( s1,' e' ) <<endl;   //elo,查找字符串中字符的位置
        cout<<strstr( s1,"ll") <<endl;   //llo,查找字符串中字符串的位置
        return 0;
}
```

【例7.21】输入程序，分析并观察程序的输出结果。
【程序设计】

```
/* e7-21. cpp   字符串操作实例 */
#include<iostream>
using namespace std;
char str1[100],str2[100];
int main( )
{
      int i,j;
      cin>>str1;
      sscanf( str1,"% d",&i) ;   //str1- - >i
      cout<<i<<endl;
      cin>>j;
      sprintf( str2,"% d",j) ;   //str2<- - j
      cout<<str2;
      return 0;
}
```

【例7.22】验证子串。输入两个字符串，验证其中一个是否是另外一个的子串。
【程序设计】

```
/* e7-22. cpp */
#include<iostream>
```

```
#include<cstring>
using namespace std;
char s1[100],s2[100];
int main()
{
    cin>>s1>>s2;
    if(strstr(s2,s1))
        cout<<s1<<"is substring of "<<s2<<endl;
    else
        cout<<s1<<" is not substring of "<<s2<<endl;
    if(strstr(s1,s2))
        cout<<s2<<" is substring of "<<s1<<endl;
    else
        cout<<s2<<" is not substring of "<<s1<<endl;
    return 0;
}
```

【例 7.23】输入一个字符串，判断其是否是回文串。回文串是指顺读和倒读都一样的字符串。

输入：

一个字符串(字符串中没有空白字符，字符串长度不超过 100）。

输出：

如果是，则输出 yes；否则输出 no。

样例输入：

abcdefedcba

样例输入：

yes

【程序设计】

```
/* e7-23. cpp */
#include<iostream>
#include<cstring>
using namespace std;
char s[100];
int main()
{
    int i,j,k;
    cin>>s;
    j=strlen(s)-1;
    k=j;
    for(i=0;i<=k/2;i++)
    {
        if(s[i]!=s[j--])
```

```
                break;
        }
        if( i>=j)
            cout<<"yes"<<endl;
        else
            cout<<"no"<<endl;
        return 0;
    }
```

课外设计作业

7.1 狐狸找兔子。围绕山顶有 $n(1<n\leqslant 1\ 000)$ 个洞，一只兔子和一只狐狸各住一个洞。狐狸总想吃掉兔子。一天兔子对狐狸说：“你想吃我，有一个条件，你把洞从 $1\sim n$ 编号，先到第一个洞找我，第二次隔一个洞找我，第三次隔两个洞找我，以后依此类推，次数不限，若能找到我，则可以饱餐一顿。”狐狸答应了这个条件，结果没找到兔子。假设狐狸找了 $m(1<=m\leqslant 100\ 000)$ 次，那么兔子躲在哪个洞里才安全？

输入：

一行，两个用空格隔开的 n 和 m。

输出：

一行，若干个安全的洞的编号。如果没有安全的，则输出 0。

样例输入：

10　1000

样例输出：

2　4　7　9

7.2 猴子选大王(约瑟夫环)。n 只猴子围成一圈，沿顺时针方向从 $1\sim n$ 编号。之后从 1 号开始沿顺时针方向让猴子从 1，2，3，…，m 依次报数，凡报到 m 的猴子，就让其出圈。然后不停地按顺时针方向逐一让报出 m 者出圈，最后剩下的就是猴王。

输入：

猴子数 n 和出圈报数 m。

输出：

猴王的编号。

样例输入：

9　5

样例输出：

8

7.3 蛇形填数。在 $n\times n$ 方阵里填入 1，2，…，$n\times n$，要求填成蛇形。例如，$n=4$ 时的方阵如下。

10	11	12	1
9	16	13	2
8	15	14	3
7	6	5	4

输入 $n(n\leq 8)$，输出蛇形方阵，要求打印每个数，每个数据占宽 8 位，右对齐。

7.4　读入一个字符串(长度不超过 50)，将该字符串中的字符按 ASCII 码的顺序从小到大排序并输出。

7.5　读入一个字符串(长度不超过 50)，删去其中相同的字符。

7.6　读入一个字符串(长度不超过 50，全部由大写字母构成)，若遇到字母 A，则在其后插入一个空格，最后输出更新后的字符串，并统计 26 个字母共出现的次数。

7.7　输入任意长度(不超过 100 个字符)的 3 个字符串，要求统计其中字符 a 或 A 的个数。

7.8　在密码学中，密文可以看作是使用加密密钥的明文(纯消息)的加密结果。Vigenere 密码的工作步骤如下。

(1) 选择一个字符串(明文消息)作为输入，例如，我们选择"tellhimaboutme"作为明文。

(2)选择一个简短的秘密单词(另一个字符串)作为键，例如，在本例中，我们选择"cafe"作为键。

(3)如果所选的键短于明文，则重复此操作，直到长度匹配为止。例如，在步骤(1)和步骤(2)中分别使用输入和密钥，重复的密钥应该是"cafecafecafeca"。

然后，根据步骤(3)输出的密钥中相应字符的字母表号对明文的每个字符进行移位。例如，明文中第一个字符 t 的字母表号是 20，键"cafe"中的字符 c 对应的字母表号是 3。因为 23(20+3)表示字符 w，字符 t 将被加密为字符 w。

明文：tellhimaboutme

密码：cafecafecafeca

密文：wfrakjsfepaypf

按上述题意要求，编写一个程序把输入的明文转换成密文。我们假设输入是正确的，它是一个 char 型的字符串，字符串的长度小于等于 100。此外，输入不包括空白字符，假设解决方案中使用的键是"sylu"，输入、输出格式同上。

再编写一个程序把输入的密文转换成明文。我们假设输入是正确的，它是一个 char 型的字符串，字符串的长度小于等于 100。此外，输入不包括空白字符，假设解决方案中使用的键是"sylu"。我们假设输入密文的长度比"sylu"键的长度长，这意味着键可以重复，直到长度匹配。

样例输入：

密文：pdnzehqqxhztht

样例输出：

明文：webelieveinyou

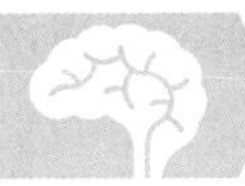

第8章　函数及其应用程序设计

8.1　函数

8.1.1　函数与函数类型

“函数”是从英文 function 翻译过来的，其实，function 在英文中的意思既是“函数”，也是“功能”。从本质上来说，函数就是用来完成一定功能的，这样对函数的概念就很好理解了。所谓函数名就是给该功能起个名字，如果该功能是用来实现数学运算的，那么就是数学函数。

函数分类主要有库函数(C/C++函数库自带的函数)、主函数、数学函数等。

函数定义的语法形式如下：

数据类型 函数名(形式参数表)

{

　　函数体；

}

例如，自定义一个函数，返回两个数中较大的数。代码如下：

```
int max(int x,int y)
{
    return x>y? x:y;      //注意三目运算符的使用
}
```

【问题思考】

返回两个数中较小的数的函数如何定义？

8.1.2　函数中的形参与实参

在函数的定义和调用过程中，经常会用到形参与实参。形参，即形式参数；实参，即实际参数。形参出现在函数定义的地方，多个形参之间以逗号分隔，形参规定了一个函数所接受数据的类型和数量。实参出现在函数调用的地方，实参的数量和类型与形参一样，实参用于初始化形参。

(1)形参与实参的主要使用和参数传递情况：形参出现在函数定义中，在整个函数体内都可以使用，形参变量只有在被调用时才分配内存单元，在调用结束时即刻释放所分配的内存单元。因此，形参只有在函数内部才有效，函数调用结束返回主调函数后则不能再使用该形参变量。实参出现在主调函数中，进入被调函数后，实参变量也不能使用。

(2)形参和实参的功能是用作数据传送。发生函数调用时，主调函数把实参的值传送给被调函数的形参，从而实现主调函数向被调函数的数据传送。

(3)实参可以是常量、变量、表达式、函数等，无论实参是何种类型的量，在进行函数调用时，都必须具有确定的值，以便把这些值传送给形参。因此，应预先用赋值、输入等办法使实参获得确定值。

(4)实参和形参在数量上、类型上、顺序上应严格一致，否则会发生“类型不匹配”的错误。

(5)实参和形参的数据传递方式有两种：一种是值传递，实参和形参都不是指针，这种情况下函数调用中发生的数据传送是单向的。即只能把实参的值传送给形参，而不能把形参的值反向传送给实参。在函数调用过程中，形参的值会发生改变，而实参的值不会变化。究其原因，是这两个参数在内存中位于不同的位置，值传递只是形参将实参的内容复制，在内存中被分配了新的内存单元，在函数执行完毕以后地址会立刻被释放掉，因此形参的改变不会对实参有任何影响。另一种是地址传递，就是实参与形参共用同一个内存单元，在函数执行的过程中，实际就是对实参的地址进行操作，因此形参改变，实参同步变化。实际上，它们就是同一变量，因为在内存中占据的就是一个内存单元。

关于地址，我们将在后续章节中详细讲解。

【例 8.1】从键盘上输入一个正整数 a，编写一个程序判断 a 是否为质数。

【算法分析】

可以设计一个函数 bool checkPrime(int a)，让该函数负责检查 a 是否为质数，如果是，则返回 true；否则返回 false。

```
bool checkPrime(int af)
{
    for(int i=2;i<=sqrt(af);i++)
    {
        if(af%i==0)
            return false;
    }
    return true;
}
```

【程序设计(1)】

```
/* e8-1-1.cpp */
#include<iostream>
using namespace std;
```

```
bool checkPrime( int af)        //af,形参
{
    for( int i=2;i<=sqrt( af) ;i++)
    {
        if( af% i==0)
            return false;
    }
    return true;
}
int main( )
{
    int a;
    cin>>a;
    if( checkPrime( a) )        //a,实参
        cout<<"y"<<endl;
    else
        cout<<"n"<<endl;
    return 0;
}
```

8.1.3 函数声明

“函数定义”是指对函数功能的确立，包括指定函数名、函数类型、形参类型、函数体等，它是一个完整的、独立的函数单位。而“函数声明”的作用则是把函数名、函数类型，以及形参类型、个数和顺序告知编译系统，以便在调用该函数时系统按此进行对照检查(如函数名是否正确、实参与形参的类型和个数是否一致)。

在书写形式上，函数声明可以把函数头部复制过来，在后面加一个分号“;”，而且在参数表中可以只写各个参数的类型名，而不必写参数名。

函数声明的定义如下：

返回类型 函数名(类型 参数 1，类型 参数 2，……)；

函数声明与函数定义形式上十分相似，但是两者有着本质上的不同。函数声明不需要开辟内存，仅告诉编译器，有声明的部分存在，要预留一点空间；函数定义则需要开辟内存。

【程序设计(2)】

```
/* e8-1-2. cpp */
#include<iostream>
using namespace std;
bool checkPrime( int af);        //函数声明,af,形参
int main( )
```

```
{
    int a;
    cin>>a;
    if(checkPrime(a))       //函数调用,a,实参
        cout<<"y"<<endl;
    else
        cout<<"n"<<endl;
    return 0;
}
bool checkPrime(int af)      //函数定义,af,形参
{
    for(int i=2;i<=sqrt(af);i++)
    {
        if(af%i==0) return false;
    }
    return true;
}
```

【例8.2】角谷静夫(日本数学家)猜想：任意一个自然数，如果是奇数，则将其乘以3再加1；如果是偶数，则将其除以2。反复运算，会出现什么结果，试编程试之。

【算法分析】

```
bool isodd(int n)
{
    if(n%2==1)
        return true;
    return false;
}
```

【程序设计】

```
/* e8-2.cpp */
#include<iostream>
using namespace std;
int a[100];
bool isodd(int n)
{
    if(n%2==1)
        return true;
    else
        return false;
}
```

```
int main( )
{
    int n;
    cin>>n;
    while(1)
    {
        if( isodd( n) )
            n=n*3+1;
        else
            n=n/2;
        cout<<n<<" ";
    }
    return 0;
}
```

【例 8.3】数学黑洞：任意一个 4 位自然数，将组成该数的各位数字重新排列，形成一个最大数和最小数，之后两数相减，其差仍是一个自然数。重复上述运算，会发现一个神秘的数，试编程试之。

【算法分析】

冒泡排序。

【程序设计】

```
/* e8-3. cpp */
#include<iostream>
using namespace std;
int a[4];
void sorting( int b[ ],int n)
{
    int t;
    for( int i=0;i<n-1;i++)
        for( int j=i;j<n-1;j++)
            if( b[ i]>b[ j+1 ] )
            {
                t=b[ i ];b[ i ] =b[ j+1 ];b[ j+1 ] =t;
            }
}
int main( )
{
    int n,x,y;
    cin>>n;
    while( 1)
    {
        a[ 0 ] =n/1000;
```

```
            a[1]=(n/100)%10;
            a[2]=(n/10)%10;
            a[3]=n%10;
            sorting(a,4);
            x=a[0]+a[1]*10+a[2]*100+a[3]*1000;
            y=a[3]+a[2]*10+a[1]*100+a[0]*1000;
            n=x-y;
            cout<<n<<" ";
        }
        return 0;
}
```

【例 8.4】利用函数求 n!。

【算法分析】

```
第一种方法:    //正推
n!=1*2*3*…*(n-1)*n
ss=1;     //积的初值
for(i=1;i<=n;i++)
    ss=ss*i;
第二种方法:    //逆推(反推)
n!=n*(n-1)*…*2*1
ss=1;     //初值
for(i=n;i>=1;i--)
    ss=ss*i;
```

【构建函数】

```
int f(int n)
{
    int ss=1;
    for(int i=1;i<=n;i++)
        ss=ss*i;
    return ss;     //返回值(int,与函数类型一致)
}
```

【程序设计】

```
/* e8-4.cpp  利用函数求 n! */
#include<iostream>
using namespace std;
int f(int n)
```

```
{
    int ss=1;
    for(int i=1;i<=n;i++)
            ss=ss*i;
        return ss;
}
int main()
{
    int n;
    cin>>n;
    cout<<f(n)<<endl;   //函数调用,n 为实参
    return 0;
}
```

【拓展学习】

【P8.1】利用函数求 1！+2！+…+n！。

8.2　递归函数

递归就是自己调用自己。递归函数，即是指该函数调用它自己，这种调用过程称为递归。例如：

```
int f(int n)
{
    return n==0? 1:f(n-1)*n;
}
```

【问题思考】

$f(n)$是什么函数？初始条件是什么？

递归相当于循环，所以想结束递归，就必须有终止递归的条件测试部分，否则就会出现无限递归(即无限循环)。同时，这也是使用递归的难点。

递归函数也可以递归定义，如阶乘函数$f(n)=n!$ 可以定义为如下形式：

$$\begin{cases} f(0)=1, & n=0 \\ f(n)=n\times f(n-1), & n>1 \end{cases}$$

【例8.5】利用递归函数求 n！。

【程序设计】

```
/* e8-5.cpp   利用递归函数求 n! */
#include<iostream>
using namespace std;
```

```
int f(int n)
{
    return n==0? 1:f(n-1)*n;
}
int main()
{
    int n;
    cin>>n;
    cout<<f(n)<<endl;
    return 0;
}
```

【拓展学习】

【P8.2】利用递归函数求 1! +2! +…+n!。

【P8.3】利用阶乘函数，计算从 m 个数中任意取出 n 个数的所有情况数，即组合数 $C(m, n)$：$C(m, n)=m!/((m-n)!\times n!)(n\leqslant m\leqslant 10)$。

【提示】

可用递推，也可用递归。

【例 8.6】猴子吃桃问题。猴子第 1 天摘下若干个桃子，当即吃了一半，还不过瘾，又多吃了一个。第 2 天早上又将剩下的桃子吃掉一半，又多吃了一个。以后每天早上都吃掉前一天剩下的桃子数的一半多一个。直到第 10 天早上再吃时，就只剩下一个桃子了。求第一天共摘多少个桃子。

【算法分析】

建立数学模型，可用递归、递推(正推困难时，可用逆推)分别处理。

天数：	第 1 天	第 2 天	……	第 9 天	第 10 天
对应函数：	f(10)	f(9)	…	f(2)	f(1)=1

建立函数表达式：(f(2)/2)-1=f(1)

建立简单的数学模型：

(f(2)/2)-1=f(1)→f(2)=(f(1)+1)*2→f(n)=(f(n-1)+1)*2　f(1)=1

【程序设计(1)】

```
/* e8-6-1.cpp  递推 */
#include<iostream>
using namespace std;
int f(int n)
{
    int s=1;
    for(int i=2;i<=n;i++)
        s=(s+1)*2;
    return s;
}
int main()
```

```
    {
        int n,sum=0;
        cout<<f(10)<<endl;
        return 0;
    }
```

【程序设计(2)】

```
    /* e8-6-2.cpp  递归 */
    #include<iostream>
    using namespace std;
    int f(int n)
    {
        if(n==1)
        return 1;
        return (f(n-1)+1)*2;
    }
    int main()
    {
        int n,sum=0;
        cout<<f(10)<<endl;
        return 0;
    }
```

【例 8.7】汉诺塔(Hanoi Tower)问题。汉诺塔问题是一个经典的益智游戏，源于印度一个古老的传说。大梵天创造世界的时候做了 3 根金刚石柱子，在一根柱子上从下往上按照大小顺序摞着 64 个黄金圆盘。大梵天命令婆罗门把圆盘从下面开始按其大小顺序重新摆放在另一根柱子上，并且规定，任何时候，在小圆盘上都不能放大圆盘，且在 3 根柱子之间一次只能移动一个圆盘。汉诺塔问题示意如图 8-1 所示，问应该如何移动？最少要移动多少次？

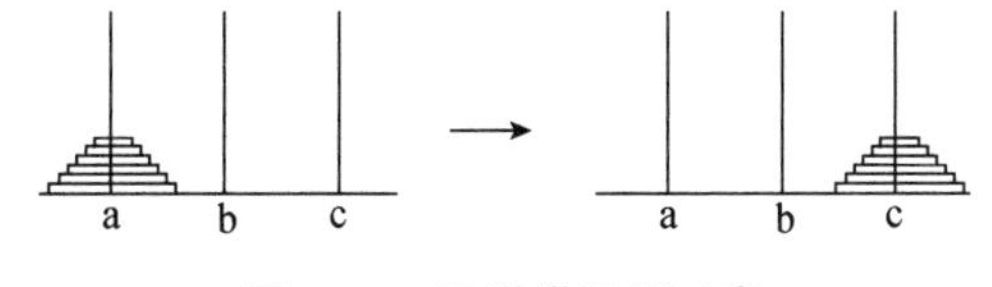

图 8.1 汉诺塔问题示意

【算法分析】

如果是初次接触类似的问题，则会感觉无从下手。要把 64 个圆盘从 a 柱子移动到 c 柱子上，第一步应该怎么做？虽然可以肯定，第一步唯一的选择是移动 a 柱子最上面的那个圆盘，但是应该将其移到 b 柱子还是 c 柱子呢？很难确定。因为接下来的第二步、第三步……直到最后一步，看起来都是很难确定的。能立即确定的是最后一步：最后一步的圆盘肯定也是 a 柱子最上面那个圆盘，并且是由 a 柱子或 b 柱子移动到 c 柱子，此前已经将 63 个圆盘移动到了 c 柱子上。

如果将这个问题的圆盘数量减为 10 或更少，则不会有太大的问题了。但圆盘数量为 64

的话，一共需要移动约 1 800 亿亿步才能最终完成整个过程。这是一个天文数字，没有人能够在有生之年通过手动的方式来完成它。即使借助于计算机，假设计算机每秒能够移动 100 万步，那么约需要 18 万亿秒，即 58 万年。将计算机的速度再提高 1 000 倍，即每秒移动 10 亿步，也需要 584 年才能够完成。

一股脑地考虑每一步如何移动很困难，我们可以换个思路，利用递归函数解决这个问题。

先假设除最下面的圆盘之外，我们已经成功地将上面的 63 个圆盘移到了 b 柱子，此时只要将最下面的圆盘由 a 柱子移动到 c 柱子即可，如图 8.2 所示。

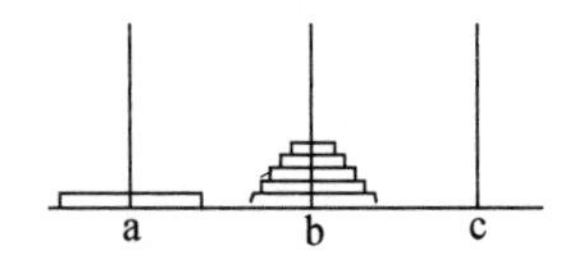

图 8.2　汉诺塔问题圆盘移动示意

当最大的圆盘由 a 柱子移到 c 柱子后，b 柱子上是余下的 63 个圆盘，a 柱子为空。因此，现在的目标就变成了将这 63 个圆盘由 b 柱子移到 c 柱子。这个问题和原来的问题完全一样，只是由 a 柱子换为了 b 柱子，规模由 64 变为了 63。因此，可以采用相同的方法，先将上面的 62 个圆盘由 b 柱子移到 a 柱子，再将最下面的圆盘移到 c 柱子……，即每次都是先将其他圆盘移动到辅助柱子上，并将最底下的圆盘移到 c 柱子上，然后再把原先的柱子作为辅助柱子，并重复此过程。

构建递归函数“hanoi (int n, char A, char B, char C)”及圆盘移动函数“move(int n, char A, char B)”，a、b、c 柱子用大写字母表示，具体算法如下。

(1)如果是 1 个圆盘，则直接将 A 柱子上的圆盘从 A 移动到 C 柱子，即“move(1, A, C);”；否则，执行(2)。

(2)先将 A 柱子上的 n-1 个圆盘借助 C 柱子移动到 B 柱子，即“hanoi (n-1, A, C, B);”。

(3)将 A 柱子上的最后一个(第 n 个)圆盘直接移动到 C 柱子，即“move(n, A, C);”。

(4)将 B 柱子上的 n-1 个圆盘借助 A 柱子移动到 C 柱子，即“hanoi (n-1, B, A, C);”。

【程序设计】

```
/* e8-7. cpp */
#include<iostream>
using namespace std;
long long movenum=0;
void move(int n, char A, char B)
{
    cout << "移动圆盘 " << n << ":" << A << " --> " << B << endl;
    movenum++;
}
void hanoi(int n, char A, char B, char C)
{
    if (n == 1)
```

```
            move(1,A,C) ;
        else
        {
            hanoi(n-1, A, C, B);  //将 n-1 个圆盘由 A 柱子移动到 B 柱子,以 C 柱子为辅助(注意参数顺序)
            move(n,A,C);  //将 A 柱子上的最后一个圆盘移动到 C 柱子
            hanoi(n-1, B, A, C);  //将 n-1 个圆盘由 B 柱子移动到 C 柱子,以 A 柱子为辅助
        }
}
int main()
{
        int n;
        cin >> n;
        hanoi(n, 'a', 'b', 'c');
        cout<<"圆盘移动次数:"<<movenum<<endl;
        return 0;
}
```

【注意】

圆盘数量的输入值建议不要过大，原因正如前面所计算的那样，如果采用 64 个圆盘，那么将至少需要数百年才能看到结果，更可能的结果是由于步数太多，系统没有足够的内存而导致程序崩溃。

8.3 对递归函数的进一步理解

8.3.1 队列与堆栈

队列(Queue)是只允许在一端进行插入，而在另一端进行删除的运算受限的线性表，允许删除的一端称为队头(Front)；允许插入的一端称为队尾(Rear)；当队列中没有元素时称为空队列。

队列遵循“先进先出”(First In First Out，FIFO)原则。

堆栈(Stack)是限制仅在表的一端进行插入和删除运算的线性表，通常称插入、删除的一端为栈顶(Top)，另一端称为栈底(Bottom)；当堆栈中没有元素时称为空栈。

堆栈遵循“先进后出”(First In Last Out，FILO)原则，如图 8.3 所示。

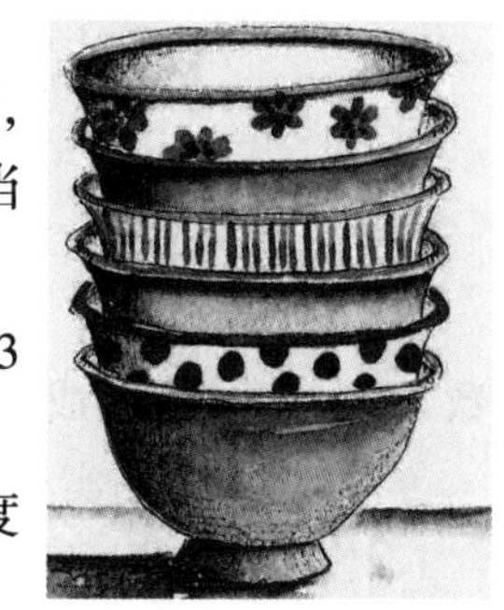
图 8.3 堆栈示意

队列与堆栈，两者实际上均为一维数组。两者遍历数据的速度不同。

队列：基于地址指针进行遍历，而且可以从头部或者尾部进行遍

历，但不能同时遍历，无须开辟空间，因为在遍历的过程中不影响数据结构，所以遍历速度快。

堆栈：只能从顶部取数据，也就是说，先进入栈底的，需要遍历整个栈才能取出，而且在遍历数据的同时需要为数据开辟临时空间，保持数据在遍历前的一致性。

8.3.2 递归与堆栈

堆栈的结构及特性如图 8.4 所示。

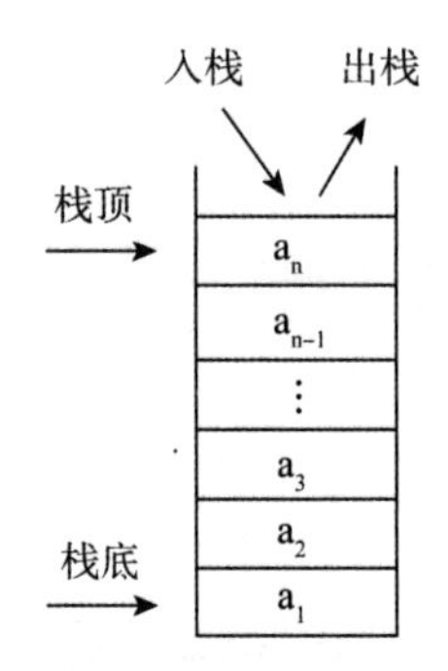

图 8.4 堆栈的结构及特性

栈顶：允许插入和删除数据元素的一端。

栈底：固定的一端。

空栈：不含任何元素。

进栈(压栈)：插入元素。

出栈(退栈)：删除元素。

压栈与退栈情况如图 8.5 所示。

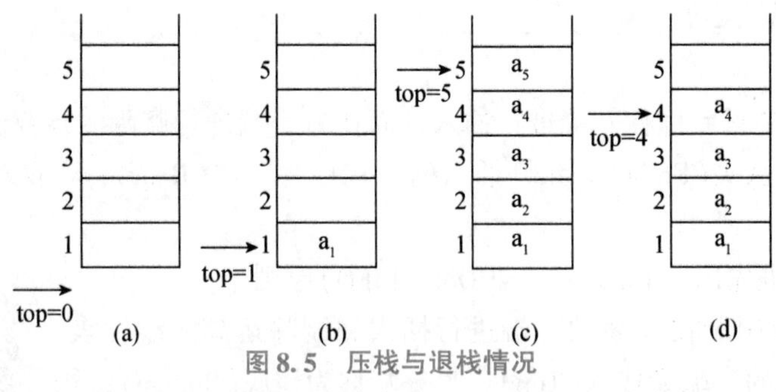

图 8.5 压栈与退栈情况

(a)空栈；(b)栈中有一个元素；(c)栈满；(d)a_5 出栈

用递归函数时，利用堆栈，栈内压的是中断地址和变量，而不是函数。在调用过程或函数之前，系统需完成以下 3 件工作。

(1)将所有的实在参数、返回地址等信息传递给被调用过程保存。

(2)为被调用过程的局部变量分配存储区。

(3)将控制转移到被调用过程的入口。

从被调用过程返回调用过程之前，系统也应完成以下3件工作。

(1)保存被调用过程的计算结果。

(2)释放被调用过程的数据区。

(3)依照被调用过程保存的返回地址将控制转移到调用过程。当有多个过程构成嵌套调用时，按照“后调用先返回”的原则。

【例8.8】分析程序运行结果，并验证运行结果与分析结果是否一致。

```
/* e8-8. cpp */
#include<iostream>
using namespace std;
void t1(int n)
{
    if(n>0)
    {
        t1(n-1);
        for(int i=1;i<=n;i++)
            cout<<n<<' ';
        cout<<endl;
    }
}
int main()
{
    t1(4);
    return 0;
}
```

【运行结果】

1

22

333

4444

【例8.9】分析程序运行结果，并验证运行结果与分析结果是否一致。

```
/* e8-9. cpp */
#include<iostream>
using namespace std;
void t1(int n)
{
    if(n>0)
    {
        for(int i=1;i<=n;i++)
```

```
                cout<<n<<' ';
            cout<<endl;
            t1(n-1);
        }
}
int main()
{
    t1(4);
    return 0;
}
```

【运行结果】

4444

333

22

1

【例 8.10】分析程序运行结果，并验证运行结果与分析结果是否一致。

```
/* e8-10.cpp */
#include<iostream>
using namespace std;
void t1(int n)
{
    if(n>0)
    {
        for(int i=1;i<=n;i++)
            cout<<n<<' ';
        cout<<endl;
        t1(n-1);
        for(int i=1;i<=n;i++)
            cout<<n<<' ';
            cout<<endl;
    }
}
int main()
{
    t1(4);
    return 0;
}
```

【运行结果】

4444

333

22

1

1

22

333

4444

课外设计作业

8.1　n 名裁判给某选手打分(假定分数都是整数)，评分原则是去掉一个最高分和一个最低分，剩下分数的平均值即为该选手的最终得分。裁判给分范围为 60～100。请编写一个程序，每个裁判所给的分数由键盘输入，选手的最终得分由屏幕输出。

8.2　用递归处理斐波那契(Fibonacci)数列：

$$\begin{cases} f(1)=1, & n=1 \\ f(2)=1, & n=2 \\ f(n)=f(n-1)+f(n-2), & n\geqslant 3 \end{cases}$$

8.3　如何把 $1+2+3+\cdots+n$ 用递归函数表示。

8.4　球自由落下。一个球从 100 m 的高度自由落下，每次落地后反弹回原高度的一半，再落下，再反弹。求它第 10 次落地时，共经过多少米，且第 10 次反弹多高。要求建立数学模型，用递归、递推(逆推)分别编程处理。

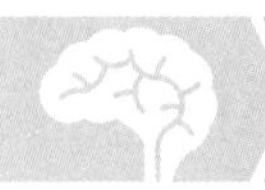

第 9 章　结构体及其应用程序设计

9.1　地址与指针

指针是 C/C++的重点，也是后面学习数据结构的基础，因此深刻理解指针的概念非常重要。但是指针的概念比较抽象，难于理解，而且一些复杂的程序中离不开指针，如果不能理解指针，那么就不能理解较为复杂的程序。

9.1.1　与地址和指针相关的几个概念

1. 取地址运算符“&”

取地址运算符返回变量所在的地址，一般用于变量。而数组名本身就是指针，无须使用“&”。

2. 取值运算符“ * ”

取值运算符返回地址对应的值，或用于改变指针所指内存空间的值，只能用于指针。

3. 指针的意义

指针用来保存另一个变量的内存地址。定义指针的格式为“int *p;”。定义多个指针时，每个字母的前面都要有“ * ”。

【注意】

如果 p 没有被初始化，那么它就会指向一个未知的内存空间，而错误地操作内存会导致程序崩溃。

9.1.2　变量、地址与指针

程序中最离不开的就是变量，变量相当于一个容器(地址)，是用来存放数据的，而变量是存放在内存中的。

在 C/C++中定义变量的形式如下：

数据类型　变量名

这里的变量名实际上是一个符号地址，在程序编译时，操作系统将为每个变量分配内存(所以每个变量都有一个在内存中的地址，即物理地址)，并将变量的符号地址(变量名)和物理地址关联起来。因此，我们在程序中对变量名的操作、编译时编译器都会将变量名转换为变量在内存中的物理地址，从而实现对内存中指定地址区域的数据的操作，这也就是变量的实现原理。

变量在内存中的地址又称指针，我们所说的“变量的地址”就等价于“变量的指针”，但是指针和指针变量是不一样的。

从上面我们可以看到，每个变量都有一个符号地址(变量名)和物理地址(在内存中的位置，又称指针)。变量是可以存储数据的，但是指针变量与普通变量不同，前者用来存放普通变量的地址，即指针变量是用来存放普通变量的指针。指针变量也是一个变量，在内存中也是占内存的，只不过它不存放基本类型数据，而是存放其他基本类型变量的地址。

既然指针变量也有自己的物理地址，那么指针变量的地址用什么来存储呢？可以用比该指针类型高一级的指针变量来存放指针变量的地址，如二级指针变量存放一级指针变量的地址，三级指针变量存放二级指针变量的地址，依次类推。

因此，我们可以得出如下结论。

指针就是地址，地址就是指针；指针变量是一个变量，它保存了基本类型变量的地址。如果指针变量 p 保存了变量 a 的地址，那么称作 p 指向了 a，*p 就是变量 a。

如果 p 是一个指针变量，那么 *p 表示以 p 的内容为地址的变量，也就是 p 指向的变量。

举例如下：

```
int a;                      //定义 int 类型变量
int *p=&a;                  //变量 p 是一个 int *型的一级指针变量,
                            //& 是取地址符,p 保存了 a 的地址
cout <<*p <<endl;           //输出 p 指向变量的值,即输出 a 的值
cout <<p << endl;           //输出 p 的值,即输出变量 a 在内存中的地址
int **q;                    //定义二级指针变量
q=&p;                       //二级指针变量 q 保存了一级指针变量 p 的地址
cout << q <<endl;           //输出指针变量 p 在内存中的地址
cout <<*q << endl;          //输出 q 指向变量的值,即指针变量 p 的值,也即 a 的地址
cout <<**q << endl;         //可以这样理解 cout<<*(*q),等价于 cout <<*p,
                            //即输出 a 的值与指针
```

9.1.3　地址与指针操作实例

在 C/C++中我们使用以下几种交换函数。

```
void swap(int x,int y)      // 值传递方式,复制值,原值不会改变,应摒弃
void swap(int *x,int *y)    //指针(地址)方式传递
void swap(int &x,int &y)    //引用方式,本质还是指针传递
```

其中，第一种和第二种交换函数可较好地实现传递结果。

【例 9. 1】分析程序，观察输出结果与分析结果是否一致。

【程序设计】

```
/* e9-1. cpp */
#include<iostream>
using namespacestd;
void swap( int a,int b)       //形参为 a、b
{
    int t=a;a=b;b=t;
}
int main( )
{
    int a=3,b=4;
    swap( a,b);     //实参为 a、b
    cout<<"a="<<a<<" b="<<b<<endl;
    return 0;
}
```

【例 9. 2】分析程序，再次观察输出结果与分析结果是否一致。

【程序设计】

```
/* e9-2. cpp */
#include<iostream>
using namespace std;
void swap( int &a,int &b)       //形参为 a、b 的地址
{
    int t=a;a=b;b=t;
}
int main( )
{
    int a=3,b=4;
    swap( a,b);     //实参为 a、b
    cout<<"a="<<a<<" b="<<b<<endl;
    return 0;
}
```

【例 9. 3】分析程序，再次观察输出结果与分析结果是否一致。

【程序设计】

```
/* e9-3. cpp */
#include<iostream>
using namespace std;
```

```
void swap( int *a,int *b)      //形参指针
{
    int t= *a; *a= *b; *b=t;      //在此 a、b 为传过来的地址,*a、*b 为地址中的值
}
int main( )
{
    int a=3,b=4;
    swap( &a,&b);  //实参为 a、b 的地址
    cout<<"a="<<a<<" b="<<b<<endl;
    return 0;
}
```

【例 9.4】分析程序，观察输出结果与分析结果是否一致。

【算法分析】

```
int a=0,b=1;
int c[ ] = {0,1,2,3,4,5,6,7,8,9,10};
int *p;            //定义一个指针
p=&a;              // 让 p 指向 a 的地址
( *p)=3;           // ( *p)相当于 a,即 a=3
( *p)=b;           // ( *p)相当于 a,即 a=b,此时 a 等于 1
// p=b;            // 非法操作,左边是 int *,右边是 int,类型不匹配
p=&b;              // 让 p 指向 b,从此 p 和 a 没关系了
p=c+6;             // 让 p 指向 c[6],即 c 地址+6,p 和 b 又没关系了
cout<<*p;          // 输出 p 指向的变量的值,即 c[6]
p++                // 现在 p 指向了 c[7],即 c[6]地址+1
p=NULL;            // 表示 p 没有指向任何变量
cout<<*p;          // 由于 NULL(0)是一段无意义的地址,所以程序极有可能崩溃
```

【注意】

在竞赛中应尽量减少使用指针。

【程序设计】

```
/* e9-4. cpp  编制程序,对上面地址与指针进一步理解 */
#include<iostream>
using namespace std;
int main( )
{
    int a=0,b=1;
    int c[ ] = {0,1,2,3,4,5,6,7,8,9,10};
    int *p;               // 定义一个指针
    p=&a;                 // 让 p 指向 a 的地址
    cout<<"p=&a "<<p<<endl;
```

```
    (*p)=3;                 // 相当于 a=3
    cout<<"(*p)=3 "<<(*p)<<endl;
    (*p)=b;                 // 相当于 a=b,此时 a 等于 1
    cout<<"(*p)=b "<<(*p)<<endl;
    // p=b;                 // 非法操作,左边是 int * ,右边是 int,类型不匹配
    p=&b;                   // 让 p 指向 b,从此 p 和 a 没关系了
    cout<<"p=&b "<<p<<endl;
    p=c+6;                  // 让 p 指向 c[6],p 和 b 又没关系了
    cout<<"p=c+6 "<<p<<endl;
    cout<<"*p "<<*p<<endl;          // 输出 p 指向的变量的值,即 c[6]
    p++;                            // 现在 p 指向了 c[7]
    cout<<"p++"<<p<<endl;
    p=NULL;                         // 表示 p 没有指向任何变量
    cout<<*p;
    //由于 NULL(0)是一段无意义的地址,所以程序极有可能崩溃
    return 0;
}
```

【例 9.5】分析程序，对字符串的地址与指针进一步理解。

【程序设计】

```
/* e9-5.cpp */
#include<iostream>
using namespace std;
int main()
{
    char *s1="hello";
    char s2[20]="boy";
    cout<<"s1="<<s1<<endl;                  //hello
    cout<<"s2="<<s2<<endl;                  //boy
    cout<<"&s1="<<&s1<<endl;                //0x...
    cout<<"&s2="<<&s2<<endl;                //0x...
    cout<<"*s1="<<*s1<<endl;                //h
    cout<<"*s2="<<*s2<<endl;                //b
    cout<<"*&s1="<<*&s1<<endl;              //hello
    cout<<"*&s2="<<*&s2<<endl;              //boy
    cout<<"**&s1="<<**&s1<<endl;            //h
    cout<<"**&s2="<<**&s2<<endl;            //b
    return 0;
}
```

9.2 结构体

9.2.1 结构体的定义

结构体(Struct)从本质上讲是一种自定义的数据类型，只不过这种数据类型比较复杂，是由 int、char、float 等基本类型组成的，可以认为结构体是一种聚合类型。

在实际开发中，我们可以将一组类型不同的，但是用来描述同一件事物的变量放到结构体中。例如，将学生的学号、姓名、性别、年龄、成绩、家庭地址等数据项放在一起。学习了结构体后，我们就不需要再定义多个变量了，将它们都放到结构体中即可。

结构体可将一组类型不同的数据组合在一起，用 struct 定义。下面定义一个名为 student 的结构体，它有 6 个成员。

```
struct student          //结构体名称
{
    int num;            // 学号
    char name[10];      //姓名
    char sex;           //性别
    int age;            //年龄
    float score;        //成绩
    char addr[30];      //家庭地址
};
```

在变量定义时，可以定义成上面的 student 类型，如“student a;”；也可以是一个数组，如“student b[100];”；也可以是一个指针，如“student *p;”；也可在定义结构体类型的同时，定义结构体变量，并对其初始化，代码如下：

```
struct student          //结构体名称
{
    ...
}a={180808,"liming",'M',17,688,"shengyang"},b[100];
```

在此学号可用两种方法表示：a. num、(&a)->num。

结构体指针是指向结构体变量或数组的指针，如“student *p; p=&a;”，则“(*p). num=180808”或“p->num=180808”。

9.2.2 结构体信息静态输入

【例 9.6】有 3 名学生的信息，放在结构体数组中，要求输出全部学生的信息。学生信息节点的结构体设计如下。

```
struct student                //结构体名称
{
    int num;                  // 学号
    char name[10];            //姓名
    char sex;                 //性别
    int age;                  //年龄
    float score;              //成绩
}stu[3];
```

【程序设计】

```
/* e9-6. cpp */
#include<iostream>
using namespace std;
struct student                //结构体名称
{
    int num;                  //学号
    char name[10];            //姓名
    char sex;                 //性别
    int age;                  //年龄
    float score;              //成绩
};
student stu[3]={{10101,"LiLin",'M',18,100},{10102,"ZhangFan",'M',17,98},
                {10103,"WangMin ",'M',18,99}};
int main()
{
    student *p;
    for(p=stu;p<stu+3;p++)    //指针读取方式
        cout<<p->num<<' '<<p->name<<' '<<p->sex<<
            ' '<<p->age<<' '<<p->score<<endl;
    for(p=stu;p<stu+3;p++)    //地址读取方式
        cout<<(*p).num<<' '<<(*p).name<<' '<<(*p).sex<<
            ' '<<(*p).age<<' '<<(*p).score<<endl;
    return 0;
}
```

【例9.7】有3名学生的信息，放在结构体数组中，要求按姓名关键字(拼音字母从小到大)排序，并输出全部学生的信息。学生信息节点的结构体设计如下。

```
struct stu
{
    int num;
    char name[10];
    float score;
};
```

【程序设计】

```
/* e9-7.cpp */
#include<iostream>        //按姓名排序
#include<cstring>
using namespace std;
struct stu
{
    int num;
    char name[10];
    float score;
};
stu s[3]={{101,"zhang",60},{102,"zhang",99},{103,"meng",80}};
int main()
{
    stu t;
    for(int i=0;i<2;i++)
        for(int j=i;j<2;j++)
        {
            if(strcmp(s[i].name,s[j+1].name)>0)  //字符串比较函数
            //if(s[i+1].name>s[i].name)   错误方式
            {
                t=s[i];s[i]=s[j+1];s[j+1]=t;
            }
        }
    stu *p;
    for(p=s;p<s+3;p++)
        cout<<(*p).num<<' '<<p->name<<' '<<p->score<<endl;
    return 0;
}
```

9.2.3 结构体信息动态输入

【例9.8】输入 n 个学生的信息，放在结构体数组中，并输出全部学生的信息。学生信息节点的结构体设计如下。

```
struct stu
{
    int num;
    char name[10];
    float score;
};
```

【程序设计】

```
/* e9-8. cpp */
#include<iostream>
#include<cstring>
using namespace std;
struct stu
{
    int num;
    char name[10];
    float score;
};
stu s[100];
int main()
{
    cin>>n;
    cout<<"num"<<"name"<<"score"<<endl;
    for(int i=0;i<n;i++)
        cin>>s[i]. num>>s[i]. name>>s[i]. score;
        stu *p;
    for(p=s;p<s+n;p++)
        cout<<(*p). num<<' '<<p->name<<' '<<p->score<<endl;
    return 0;
}
```

【例9.9】输入 n 个学生的信息，放在结构体数组中，要求按分数关键字(从小到大）排序，并输出全部学生的信息。学生信息节点的结构体设计如下。

```
struct stu
{
    int num;
    char name[10];
    float score;
};
```

【程序设计】

```
/* e9-9. cpp */
#include<iostream>      //输入 n 个学生的信息,按分数排序
#include<cstring>
using namespace std;
struct stu
```

```
{
    int num;
    char name[10];
    float score;
};
stu s[100];
int main()
{
    stu t;
    cin>>n;
    cout<<"num"<<"name"<<"score"<<endl;
    for(int i=0;i<n;i++)
        cin>>s[i].num>>s[i].name>>s[i].score;
    for(int i=0;i<n-1;i++)
        for(int j=i;j<n-1;j++)
        {
            if(s[i].score>s[j+1].score)
            {
                t=s[i];s[i]=s[j+1];s[j+1]=t;
            }
        }
    stu*p;
for(p=s;p<s+n;p++)
    cout<<(*p).num<<' '<<p->name<<' '<<p->score<<endl;
return 0;
}
```

9.3 一个简单的学生管理系统设计

【例9.10】利用结构体，设计一个简单的学生管理系统，设计要求(实现功能)如下。

(1)实现操作界面，通过一个简单的菜单选择相应的操作。

(2)录入或添加学生基本信息，学号不能重复。

(3)删除学生信息。

(4)修改学生信息，指定学号，修改信息。

(5)查找指定学生，可根据学号查找，也可根据姓名查找。

(6)对学生信息，根据成绩排序并输出。

【算法分析】

1. 数据结构设计

```
struct student              //结构体名称
{
    int num;                //学号
    char name[10];          //姓名
    float score;            //成绩
};
student s[100];
```

2. 菜单设计

```
system("cls");
cout<<endl<<endl;
cout<<"学生管理系统"<<endl<<endl;
for(int i=0;i<30;i++)    cout<<"*";
cout<<endl<<endl;
cout<<" 1.添加一个学生"<<endl;
cout<<" 2.查找一个学生"<<endl;
cout<<" 3.删除一个学生"<<endl;
cout<<" 4.修改一个学生"<<endl;
cout<<" 5.学生成绩排序"<<endl;
cout<<" 6.退出系统"<<endl;
for(int i=0;i<30;i++)
    cout<<"*";
cout<<endl<<endl;
```

3. 功能选择

```
char ch;
cout<<"请选择输入选项[1-6]:";
cin>>ch;
switch(ch)
{
    case '1':inse();break;
    case '2':find();break;
    case '3':dele();break;
    case '4':modi();break;
    case '5':sort();break;
    case '6':return 0;
    others:break;
}
```

【程序设计】

4. 一个简单的学生管理系统完整程序设计

```
/* e9-10. cpp */
#include<iostream>
#include<cstring>
using namespace std;
int n=0;
struct stu
{
    int num;
    char name[10];
    float score;
};
stu s[100];
//信息显示子程序
void disp()
{
    stu *p;
    cout<<endl<<endl;
    cout<<"num"<<"name"<<"score"<<endl;
    for(p=s;p<=s+n-1;p++)
        cout<<(*p).num<<' '<<p->name<<' '<<p->score<<endl;
    system("pause");
}
//人员添加子程序
void inse()
{
    int num0,bj=0;
    stu *p;
    cout<<endl<<endl;
    cout<<endl<<"请输入学生学号:";
    cin>>num0;
    cout<<endl<<endl;
    for(p=s;p<=s+n-1;p++)
        if((*p).num==num0)
        {
            bj=1;
            break;
        }
    if(bj==1)
    {
        cout<<endl<<"此学号学生已存在!"<<endl<<endl;
        system("pause");
    }
```

```
        else
        {
            s[n]. num=num0;
            cout<<"num"<<"name"<<"score"<<endl<<endl;
            cout<<s[n]. num<<" ";
            cin>>s[n]. name>>s[n]. score;
            n++;
            disp();
        }
    }
    //人员查找子程序
    void find()
    {
        int num0,bj=0;
        stu *p;
        cout<<endl<<endl;
        cout<<endl<<"请输入学生学号:";
        cin>>num0;
        cout<<endl<<endl;
        for(p=s;p<=s+n-1;p++)
            if((*p). num==num0)
            {
                cout<<"num"<<"name"<<"score"<<endl;
                cout<<(*p). num<<' '<<p->name<<' '<<p->score<<endl;
                bj=1;
            }
        if(bj==0)
            cout<<endl<<"无此学号学生!"<<endl<<endl;
        system("pause");
    }
    //人员信息删除子程序
    void dele()
    {
        int num0,bj=0;
        stu *p;
        cout<<endl<<endl;
        cout<<endl<<"请输入学生学号:";
        cin>>num0;
        cout<<endl<<endl;
        for(p=s;p<=s+n-1;p++)
            if((*p). num==num0)
            {
                for(;p<=s+n-1;p++)
                {
```

```
                    (*p).num=(*(p+1)).num;
                    strcpy((*p).name,(*(p+1)).name);
                    (*p).score=(*(p+1)).score;
                }
                (*(p-1)).num=0;
                strcpy((*(p-1)).name," ");
                (*(p-1)).score=0;
                n--;
                bj=1;
                cout<<endl<<"该学号学生删除完毕!";
            }
        if(bj==0)
            cout<<endl<<"无此学号学生!"<<endl<<endl;
        system("pause");
}
//人员信息修改子程序
void modi()
{
        int num0,bj=0;
        stu *p;
        cout<<endl<<endl;
        cout<<endl<<"请输入学生学号:";
        cin>>num0;
        cout<<endl<<endl;
        for(p=s;p<=s+n-1;p++)
            if((*p).num==num0)
            {
                cout<<"num"<<"name"<<"score"<<endl;
                cout<<(*p).num<<' '<<p->name<<' '<<p->score<<endl;
                bj=1;
                cout<<endl<<"修改如下"<<endl;
                cout<<(*p).num<<" ";
                cin>>p->name>>p->score;
            }
        if(bj==0)
            cout<<endl<<"无此学号学生!"<<endl<<endl;
        system("pause");
}
//排序子程序
void sort()
{
        stu t;
```

```
        for( int i=0;i<n- 1;i++)
            for( int j=i;j<n- 1;j++)
            {
                if( s[ i]. score>s[ j+1 ]. score)
                {
                    t=s[ i];s[ i] =s[ j+1 ];s[ j+1 ] =t;
                }
            }
        disp( );
}
int main( )
{
        while( 1)
        {
            system( "cls");
            cout<<endl<<endl;
            cout<<"学生管理系统"<<endl<<endl;
            for( int i=0;i<30;i++) cout<<"*";
            cout<<endl<<endl;
            cout<<" 1.添加一个学生"<<endl;
            cout<<" 2.查找一个学生"<<endl;
            cout<<" 3.删除一个学生"<<endl;
            cout<<" 4.修改一个学生"<<endl;
            cout<<" 5.学生成绩排序"<<endl;
            cout<<" 6.退出系统 "<<endl;
            for( int i=0;i<30;i++)
                cout<<"*";
            cout<<endl<<endl;
            char ch;
            cout<<"请选择输入选项[1-6]:";
            cin>>ch;
            switch( ch)
            {
                case '1' :inse( );break;
                case '2' :find( );break;
                case '3' :dele( );break;
                case '4' :modi( );break;
                case '5' :sort( );break;
                case '6' :return 0;
                others:break;
            }
        }
}
```

5. 程序运行说明

(1)该程序通过修改、添加内容，可作为任一管理系统使用。

(2)该程序与数据库连接，可作为较为实用的数据管理信息系统使用。

课外设计作业

利用数组，设计一个简单的学生管理系统，要求系统功能基本完善，运行较为正确。

第 10 章　链表及其应用程序设计

10.1　链表

10.1.1　链表的定义与分类

链表(Linked List)是一种物理存储单元上非连续、非顺序的存储结构，数据元素的逻辑顺序是通过链表中的指针链接次序实现的。

链表由一系列节点(链表中每一个元素称为节点)组成，节点可以在运行时动态生成。每个节点包括两部分：一是存储数据元素的数据域，二是存储下一个节点地址的指针域。

与数组一样，链表也是一种常见的重要数据结构，它能动态地进行存储分配。用数组存放数据时，必须事先定义固定的数组长度(即元素个数)，数组长度必须足够大，以至于有时会浪费内存。链表则没有这种缺点，其根据需要开辟空间。

按存储的结构，链表分为静态链表和动态链表。

(1)静态链表是用类似于数组的方法实现的，是顺序的存储结构，在物理地址上是连续的，而且需要预先分配地址空间大小。因此，静态链表的初始长度一般是固定的，在做插入和删除操作时不需要移动元素，仅需修改指针。

(2)动态链表是用内存申请函数(malloc/new)动态申请内存的，所以在链表的长度上没有限制。动态链表因为是动态申请内存的，所以每个节点的物理地址不连续，要通过指针来顺序访问。

按遍历的方向，链表分为单向链表和双向链表。

(1)单向链表增加、删除节点简单，遍历时不会发生死循环。其缺点是只能从头到尾遍历，只能找到后继，无法找到前驱，即只能前进。

(2)双向链表，可以找到前驱和后继，可进可退。其缺点是增加、删除节点稍显复杂。

一般应用中单向链表或循环链表居多，双向链表不常用。当然特殊条件下双向链表很方便，尤其是在需要查询到某个节点后再查找其前驱的工作中。

10.1.2　链表的基本结构

现以一个简单的单向链表来说明链表的基本结构，如图10.1所示。

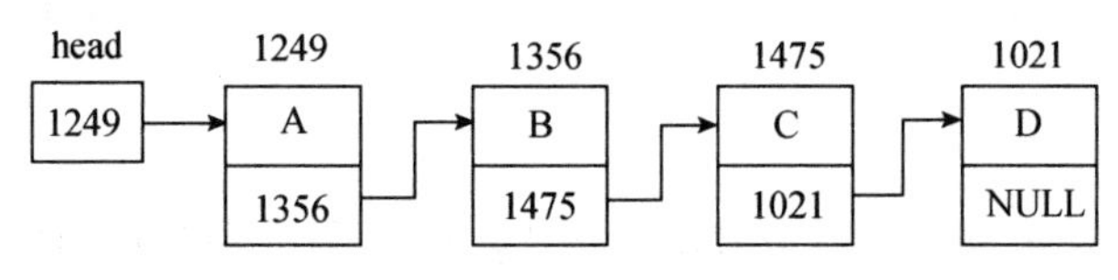

图10.1　一个简单的单向链表及其结构

链表中有一个“头指针”变量，图中用head表示，它存放一个地址，该地址指向一个元素。

链表中的每一个元素称为节点，每个节点包括两部分：一是用户需要的实际数据，二是下一个节点的地址。

head指向第一个元素，第一个元素指向第二个元素，第二个元素指向第三个元素……，直到最后一个元素，该元素不再指向其他元素，它称为表尾，它的地址部分放一个NULL（空地址），表示链表到此结束。

链表中各元素在内存中的地址是不连续的，这种数据结构必须利用指针变量才能实现，即一个节点中应包含指针变量，用它存放下一个节点的地址。例如，可设计如下的结构体类型。

```
struct student          //结构体名称
{
    int num;            //学号
    float score;        //成绩
    student *next;      //next 是指针变量,指向下一个节点地址
};
```

双向链表只是在单向链表的节点上增加一个指向前驱的prev指针，如图10.2所示。

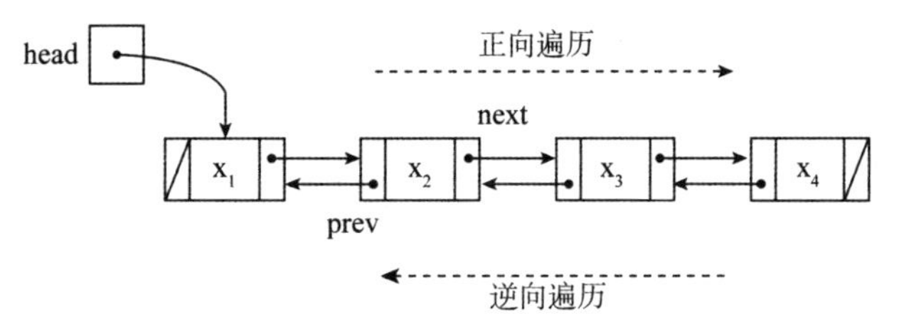

图10.2　双向链表及其结构

双向链表的结构体类型也只是在单向链表的节点上增加一个指向前驱的prev指针，如下所示。

```
struct student          //结构体名称
{
    int num;            //学号
    float score;        //成绩
    student *next;      //next 是指针变量,指向下一个节点地址
```

```
    student *prev;      //prev 是指针变量,指向上一个节点地址
};
```

10.2 静态链表及其应用程序设计

线性表可以顺序实现(数组)，也可以链式实现(链表)。但是这两种方式各有优缺点。

(1)顺序实现虽然可以随机存取数据，但是在插入或者删除时需要移动大量元素。

(2)链式实现在插入或者删除数据时只需修改其前驱、后继的指针即可，但是在随机存取数据时需要从头开始。

静态链表是用类似于数组的方法实现的，在 C/C++中，静态链表的表现形式即为结构体数组。结构体变量包括数据域和指针，是顺序的存储结构，在物理地址上是连续的，而且需要预先分配地址空间大小。因此，静态链表的初始长度一般是固定的，在做插入和删除操作时不需要移动元素，仅需修改指针即可。

【例 10.1】建立简单的静态链表。由 3 名学生数据节点构成的链表如图 10.3 所示，要求输出全部学生的信息。

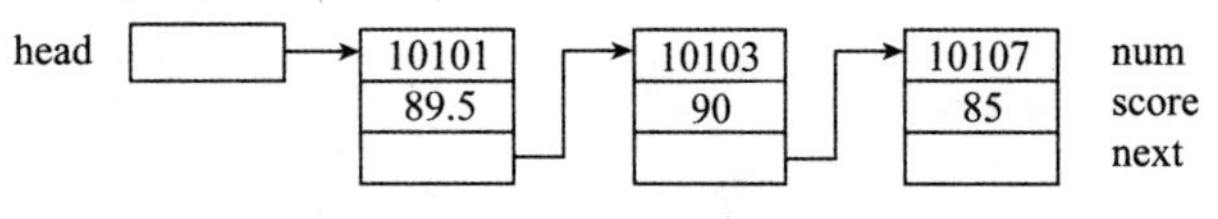

图 10.3　由 3 名学生数据节点构成的链表

【算法分析】

根据学生数据节点，构建结构体类型的数据结构如下。

```
struct student
{
    int num;            //学号
    float score;        //成绩
    student *next;      //next 是指针变量,指向下一个节点地址
};
```

【程序设计】

```
/* e10-1. cpp  建立简单的静态链表 */
#include<iostream>
using namespace std;
struct student
{
    int num;            //学号
    float score;        //成绩
    student *next;      //next 是指针变量,指向下一个节点地址
};
```

```
int main()
{
    student a,b,c,*head,*p;
    a.num=10101;a.score=89.5;
    b.num=10103;b.score=90;
    c.num=10107;c.score=85;
    head=&a;
    a.next=&b;
    b.next=&c;
    c.next=NULL;
    p=head;
    do
    {
        cout<<p->num<<' '<<p->score<<endl;
        p=p->next;
    }while(p!=NULL);
    return 0;
}
```

【运行结果】

10101 89.5

10103 90.0

10107 85.0

10.3　动态链表及其应用程序设计

动态链表在执行过程中从无到有建立一个链表，即一个一个地开辟节点，输入各节点数据，并建立起前后链接的关系。

动态链表是用内存申请/释放函数(new/delete，C++；malloc/free，C 语言)动态申请和释放内存的，所以在链表的长度上没有限制。

动态链表因为是动态申请内存的，所以每个节点的物理地址不连续，要通过指针来顺序访问。

对链表的操作包括：建立链表、插入或删除链表中的一个节点等。

C++动态运算符 new/delete 与 C 语言函数库 malloc/free 的比较。

(1)new/delete 是 C++的运算符，与“+”“-”“=”等有一样的地位；malloc/free 是 C 语言的库函数。它们都可用于动态申请内存和释放内存。

(2)C++程序经常要调用 C 语言函数，而 C 语言程序只能用 malloc/free 管理动态内存。

(3)new 是强制类型，而 malloc 不是，需要类型转换。new 可以调用构造函数，在声明的时候初始化；malloc 只是分配空间，需要在其他地方初始化。delete 会释放空间，在释放空间前会调用析构函数。

(4)malloc 需要指定分配空间大小，而 new 是自动计算的。

10.3.1 建立链表

仍以 struct student 结构体为例，动态建立链表的过程如图 10.4 所示。

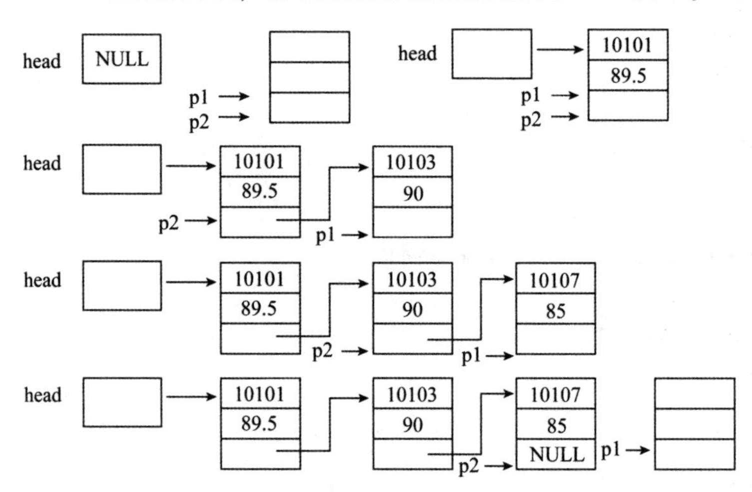

图 10.4　动态建立链表的过程

算法具体步骤如下。

(1)按结构体类型 struct student 定义 3 个指针变量：*head、*p1、*p2。

(2)令指针变量 head 指向空地址 NULL，即“head=NULL;”。

(3)用内存申请函数 new (C++)建立一个空节点：new student，令指针变量 p1、p2 均指向该节点地址，即“p1=p2=new student;”。

(4)对该空节点赋值，并令指针变量 head 指向该节点地址，即“p1->num=10101；p1->score=89.5；head=p1;”。

(5)再用内存申请函数 new (C++)建立一个空节点：new student，令指针变量 p1 指向该节点地址，即“p1=new student;”。

(6)对该空节点赋值，并令指针变量 p2 的后向指针变量 next 指向该节点地址，即“p1->num=10103；p1->score=90；p2->next=p1;”。

(7)令指针变量 p2 指向该节点地址，即“p2=p1;”。

(8)该链表若继续建立新节点，则转至步骤(5)；若不再建立新节点，则令指针变量 p2 指向空地址 NULL，即“p2=NULL;”。

10.3.2 删除节点

在动态链表中删除节点(以 num=10103 为例)，如图 10.5 所示。

在动态链表中删除节点，包括首、尾节点如何处理的问题，算法稍显复杂。现仅考虑要删除的节点为首节点或非首节点的情况，算法具体步骤如下。

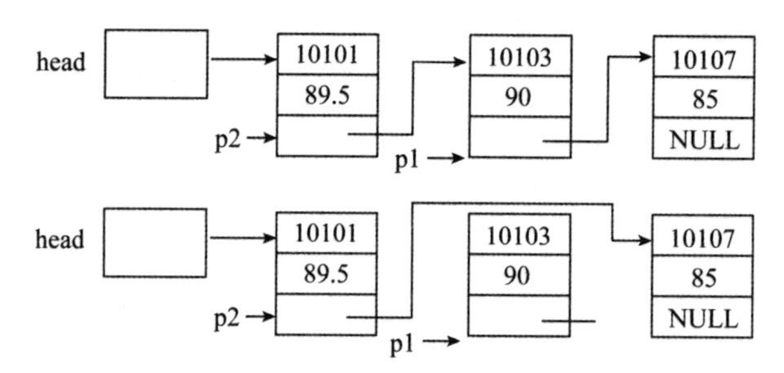

图10.5 动态链表删除节点的过程

(1)仍利用结构体类型 struct student 的3个指针变量：*head、*p1、*p2，自指针变量 head 指向的首节点地址开始，令指针变量 p1、p2 均指向该节点地址，即“p1=p2=head;”。

(2)以10103为关键字，查找 num=10103 的节点。

①若首节点为要删除的节点，则令指针变量 head 指向该节点的后向指针变量 next 所指向的节点地址，即删除该节点“head=p1->next;”或“head=p2->next;”。

②若首节点为非要删除的节点，则令指针变量 p1 指向该节点的后向指针变量 next 所指向的节点地址，即“p1=p2->next;”。

(3)仍以10103为关键字，继续查找 num=10103 的节点。

①若该节点为要删除的节点，则令指针变量 p2 的后向指针变量 next 所指向的节点地址，为该节点后向指针变量 next 所指向的节点地址，即“p2->next=p1->next;”。

②若该节点为非要删除的节点，令指针变量 p2 指向 p1 节点地址，令指针变量 p1 指向本节点的后向指针变量 next 所指向的节点地址，即“p2=p1; p1=p2->next;”，然后转至步骤(3)。

【问题思考】

尾节点如何处理?

10.3.3 插入节点

在动态链表中插入节点(以 num=10103 为例)，如图10.6所示。

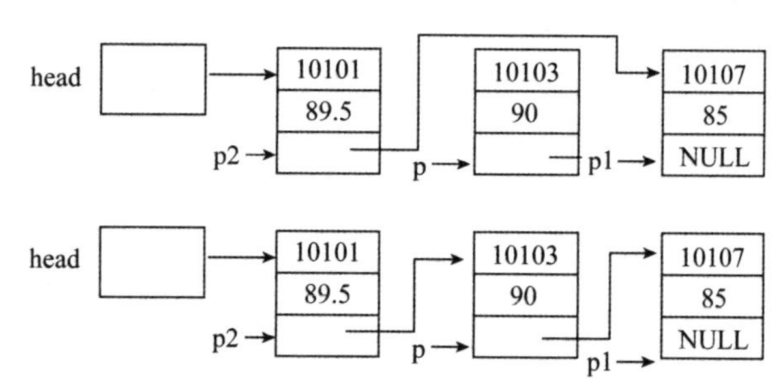

图10.6 动态链表插入节点的过程

在动态链表中插入节点，也包括首、尾节点如何处理的问题，算法稍显复杂。现仅考虑要插入节点为首节点或非首节点的情况，算法具体步骤如下。

(1)仍利用结构体类型 struct student 的 3 个指针变量：*head、*p1、*p2。

(2)按结构体类型 struct student 定义一个新指针变量：*p。

(3)用内存申请函数 new (C++)建立一个空节点：new student，并对该空节点赋值，即“p=new student；p->num=10103；p->score=90；”。

(4)自指针变量 head 指向的首节点地址开始查找，令指针变量 p1、p2 均指向该节点地址，即“p1=p2=head；”。

(5)以 10103 为关键字，查找 num=10103 的节点应该插入的位置。

①若首节点为要插入节点的位置，则令指针变量 head 指向要插入的节点地址，令要插入节点的后向指针变量 next 所指向的节点地址为指针变量 p1 或 p2 的地址，即插入该节点“head=p；p->next=p1 或 p->next=p2；”。

②若首节点不是要插入节点的位置，则令指针变量 p1 指向该节点的后向指针变量 next 所指向的节点地址，即“p1=p2->next；”。

(6)仍以 10103 为关键字，继续查找 num=10103 的节点应该插入的位置。

①若 p1 节点为要插入节点的位置，则令指针变量 p2 的后向指针变量 next 所指向的节点地址为要插入节点的地址，令要插入节点的后向指针变量 next 所指向节点的地址为指针变量 p1 的地址，即插入该节点“p2->next=p；p->next=p1；”。

②若 p1 节点不是要插入节点的位置，则令指针变量 p2 指向 p1 节点的地址，令指针变量 p1 指向本节点的后向指针变量 next 所指向的节点地址，即“p2=p1；p1=p2->next；”，然后转至步骤(6)。

【问题思考】

尾节点如何处理?

【例 10.2】建立若干学生数据的动态链表。建立若干学生数据(学号、成绩)，由学生数据节点构成动态链表，要求输出全部学生的信息。

样例输入：

1001 85 1002 80 1003 88 1004 99 0 0

样例输出：

1001 85

1002 80

1003 88

1004 99

【算法分析】

根据学生数据节点，构建结构体类型的数据结构如下。

```
struct student
{
    int num;            //学号
    float score;        //成绩
    student *next;      //next 是指针变量,指向下一个节点地址
};
```

【程序设计】

```
/* e10-2. cpp  建立若干学生数据节点构成的动态链表 */
#include<iostream>
using namespace std;
struct student
{
    int num;            //学号
    float score;        //成绩
    student *next;      //next 是指针变量,指向下一个节点地址
};
int n=0;
student *creat(void)  //创建新节点函数,返回一个指向链表头的指针
{
    student *head, *p1,*p2;
    p1=p2=new student;
    cin>>p1->num>>p1->score;
    head=NULL;
    while(p1->num!=0)
    {
        n=n+1;
        if(n==1)
            head=p1;
        else
            p2->next=p1;
        p2=p1;
        p1=new student;
        cin>>p1->num>>p1->score;
    }
    p2->next=NULL;
    return head;
}
int main()
{
    student *head,*p;
    head=creat();
    p=head;
    do
    {
        cout<<p->num<<' '<<p->score<<endl;
        p=p->next;
    }while(p!=NULL);
    return 0;
}
```

10.4　一个基于单向链表的通用管理系统设计

【例 10.3】设计一个基于单向链表的通用管理系统，设计要求(实现功能)如下。

(1)设计操作界面，通过一个简单的菜单选择相应的操作。

(2)实现单向链表的创建、插入、删除、查找等功能。

【算法分析】

1. 数据结构设计

```
struct Slist
{
    int data;
    Slist *next;
};
```

2. 菜单设计

```
system("cls");
cout<<endl<<endl;
for(int i=0;i<30;i++)
    cout<<"*";
    cout<<endl<<endl;
cout<<"一个基于单向链表的通用管理系统\n";
cout<<endl<<endl;
cout<<"1. make linelist\n";
cout<<"2. at No. I insert element\n";
cout<<"3. delete the element NO. i\n";
cout<<"4. find the element of date e\n";
cout<<"5. exit\n";
cout<<endl;
for(int i=0;i<30;i++)
    cout<<"*";
    cout<<endl<<endl;
cout<<" Please input the NO. ";
cin>>k;
```

3. 功能选择

```
case 1:
    head=InitList_Sq();
    print_list(head->next);
    break;
```

```
case 2:
    //head=InitList_Sq( );
    print_list( head- >next);
    Insert_Node( head);
    print_list( head- >next);
    break;
case 3:
    //head=InitList_Sq( );
    print_list( head- >next);
    y=DeleteNode( head);
    print_list( head- >next);
    if( y!=-1)
    cout<<"the deleted element is"<<y<<endl;
    break;
case 4:
    //head=InitList_Sq( );
    print_list( head- >next);
    Locate_List( head);
    break;
case 5:
    return 0;
```

4. 子程序设计

要设计以下子程序，其内容设计详见 e10-3. cpp。

```
Slist *InitList_Sq( )                //初始化函数
void print_list( Slist *finder)      //打印函数
int DeleteNode( Slist *killer)       //删除节点函数
void Insert_Node( Slist *jumper)     //插入函数,本算法为前插节点法
void Locate_List( Slist *reader)     //查找值为 e 的元素
```

【程序设计】

5. 一个基于单向链表的通用管理系统完整程序设计

```
/* e10-3. cpp  一个基于单向链表的通用管理系统完整程序设计 */
//单向链表创建、插入、删除、查找
#include<iostream>
using namespace std;
struct Slist
{
    int data;
    Slist *next;
};
Slist *InitList_Sq( )  //初始化函数
```

```
{
    int a;
    Slist *h,*s,*r;
    h=new Slist;  //建立头指针,头指针不可以更改
    r=h;
    if (!h)
        {
          cout<<"分配失败";endl<<endl;
          exit(0);
        }
    cout<<"Input the node data(-1,exit):";
    cin>>a;
    for(;a!=-1;)
    {
        s=new Slist;  //每次都开辟一个节点空间并赋值
        s->data=a;
        r->next=s;
        r=s;
        cin>>a;
    }
    r->next='\0';
    return h;
}
void print_list(Slist *finder)   //打印函数
{
    while(finder!='\0')
    {
        cout<<finder->data<<endl;
        finder=finder->next;
    }
}
int DeleteNode(Slist *killer)   //删除节点函数
{
    int i,j=0;
    Slist *p,*q;
    int x;
    p=killer;
    q=killer->next;
    cout<<"Please input the node NO to delete:";
    cin>>i;
    while((p->next!='\0')&&(j<i-1))
    {
        p=p->next;          j++;
        q=p->next;
    }
```

```
        if(p->next=='\0')        //j>i-1?
        {
            cout<<"the No is too high! \n";
            return-1;
        }
        else
        {
            p->next=q->next;
            x=q->data;
            delete(q);
            return x;
        }
    }
    void Insert_Node(Slist *jumper)   //插入函数,本算法为前插节点法
    {
        int t,e,j=0;
        Slist *p,*q;
        p=jumper;
        cout<<"Please input node NO to insert:";
        cin>>t;
        cout<<"Please input the element:";
        cin>>e;
        while(p->next!='\0'&&j<t-1)
        {
            j++;
            p=p->next;
        }
        if(p=='\0')
            cout<<"the insert sit is not exist!"<<endl;
        else
        {
            q=new Slist;
            q->data=e;
            q->next=p->next;
            p->next=q;
        }
    }
    void Locate_List(Slist *reader)   //查找值为 e 的元素
    {
        int e,i=0;
        Slist *p;
        p=reader;
        cout<<"Please input the element of find:";
        cin>>e;
        while(p->next!='\0'&&p->data!=e)
```

```
        {
            i++;
            p=p->next;
        }
        if(p->data==e)
            cout<<"the NO. of this element is "<<i<<"\n";
        else
            cout<<"NO this element! \n";
    }
    int main()
    {
        int k,y;
        Slist *head;
        while(1)
        {
        system("cls");
        cout<<endl<<endl;
        for(int i=0;i<30;i++)
            cout<<"*";
            cout<<endl;
        cout<<"一个基于单向链表的通用管理系统\n";
        cout<<endl<<endl;
        cout<<"1. make linelist\n";
        cout<<"2. at No. I insert element\n";
        cout<<"3. delete the element NO. i\n";
        cout<<"4. find the element of date e\n";
        cout<<"5. exit\n";
        cout<<endl<<endl;
        for(int i=0;i<30;i++)
            cout<<"*";
            cout<<endl<<endl;
        cout<<" Please input the NO. ";
        cin>>k;
        switch(k)
        {
            case 1:
                head=InitList_Sq();
                print_list(head->next);
                break;
            case 2:
                //head=InitList_Sq();
                print_list(head->next);
                Insert_Node(head);
                print_list(head->next);
                break;
```

```
            case 3:
                //head=InitList_Sq();
                print_list(head->next);
                y=DeleteNode(head);
                print_list(head->next);
                if(y!=-1)cout<<"the deleted element is "<<y<<endl;
                break;  //头节点不算,从有数据的开始算第一个
            case 4:
                //head=InitList_Sq();
                print_list(head->next);
                Locate_List(head);
                break;
            case 5:
                return 0;
            }
            system("pause");
        }
        return 0;
    }
```

6. 程序运行说明

(1)该程序通过修改、添加链表内容，可作为任一管理系统使用。

(2)该程序与数据库连接，可作为较为实用的数据管理信息系统使用。

课外设计作业

10.1　约瑟夫环问题。已知 n 个人(以编号 1，2，3，…，n 分别表示)围坐在一张圆桌周围，从编号为 k 的人开始报数，数到 m 的那个人出列；他的下一个人又从 1 开始报数，数到 m 的那个人又出列；依此规律重复下去，直到圆桌周围的人全部出列。输入参与总人数 n 和出列报数 m，输出最后一人的编号。利用链表编写程序。

样例输入：

9　5

样例输出：

8

10.2　利用“一个基于单向链表的通用管理系统”作为模板，设计一个实用的学生管理信息系统。设计要求(实现功能)如下。

(1)设计操作界面，通过一个简单的菜单选择相应的操作。

(2)实现学生信息节点的创建、插入、删除、查找等。

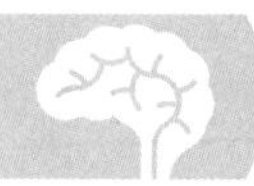

第 11 章　文件及其应用程序设计

11.1　文件概述

11.1.1　文件与文件名

我们对文件的概念已经非常熟悉了，如常见的 word 文档、txt 文件、源文件等。文件是数据源的一种，最主要的作用是保存数据。

文件是操作系统管理数据的基本单位，一般是指存储在外部存储介质上的、有名字的一系列相关数据的有序集合，它是程序对数据进行读写操作的基本对象。

这个数据集有一个名称，称为文件名，其结构如下：

文件名[. 扩展名]

文件名：标识文件的合法标识符，如 ch10、file_1 等都是合法的文件名。

扩展名：即后缀，一般用于标明文件的类型，常见的扩展名有 . doc、. txt、. dat、. c、. cpp、. obj、. exe、. bmp、. jpg 等。

C/C++中的输入和输出都是和文件相关的，即程序从文件中输入(读取)数据，向文件中输出(写入)数据。

计算机上的各种资源都是由操作系统管理和控制的，操作系统中的文件系统，是专门负责将外部存储设备中的信息组织方式进行统一管理规划，以便为程序访问数据提供统一的方式。在操作系统中，为了统一对各种硬件的操作，简化接口，不同的硬件设备也都被看成各种文件。对这些文件的操作，等同于对磁盘上普通文件的操作。例如，通常把显示器称为标准输出文件，printf、cout 就是向这个文件写入数据；把键盘称为标准输入文件，scanf、cin 就是从这个文件读取数据。

我们不去探讨硬件设备是如何被映射成文件的，只需要记住，在 C/C++中硬件设备可以被看成文件，有些输入/输出函数不需要指明到底读写哪个文件，系统已经为它们设置了默认的文件，当然这可以更改。例如，让 printf 向磁盘上的文件写入数据。

11.1.2　文件的分类

可以从不同的角度对文件进行分类。

(1)从用户使用的角度来看，文件可分为普通文件和设备文件。

普通文件可用扩展名分类，如源文件(.c)、目标文件(.obj)、可执行文件(.exe)、文本文件(.txt)等。

设备文件，如键盘、显示器、打印机等。

(2)从文件编码和数据的组织方式来看，文件可分为文本文件和二进制文件 。

文本文件是以字符编码的方式进行保存的，把每个字符的 ASCII 码值存入文件。每个 ASCII 码值占一个字节，每个字节表示一个字符。因此，文本文件也称字符文件或 ASCII 文件，是字符序列文件。

二进制文件是把数据对应的二进制形式存储到文件中，是字节序列文件，其是将内存中的数据原封不动地存至文件中，适用于非字符为主的数据。如果以记事本方式打开二进制文件，则只会看到一堆乱码。

除了文本文件外，所有的数据都可以算是二进制文件。二进制文件的优点在于存取速度快、占用空间小，以及可随机存取数据。

例如，对于数据 123，如果按文本文件形式存储，则把数据看成 3 个字符'1'、'2'、'3'的集合，文件中依次存储各个字符的 ASCII 码值，格式如表 11.1 所示。

表 11.1　数据 123 文本文件的存储格式

字符	'1'	'2'	'3'
ASCII 码值(十进制)	49	50	51
ASCII 码值(二进制)	0011 0001	0011 0010	0011 0011

如果按照二进制文件形式存储，则把数据 123 看成整型数。如果该系统中整型数占 4 个字节，则数据 123 的二进制存储形式的 4 个字节如下：

0000 0000 0000 0000 0000 0000 0111 1011

11.1.3　文件流与数据流

所有的文件(保存在磁盘)都要载入内存才能处理，所有的数据必须写入文件(磁盘)才不会丢失。数据在文件和内存之间传递的过程称为文件流，类似水从一个地方流动到另一个地方。

文件是数据源的一种，除了文件，还有数据库、网络、键盘等；数据传递到内存也就是保存到 C/C++中的变量(如整数、字符串、数组、缓冲区等)。我们把数据在数据源和程序(内存)之间传递的过程称为数据流(Data Stream)。相应地，数据从数据源到程序(内存)的过程称为输入流(Input Stream)，从程序(内存)到数据源的过程称为输出流(Output Stream)。

输入/输出(Input/Output，I/O)是指程序(内存)与外部设备(键盘、显示器、磁盘等其他计算机设备)进行交互的操作。几乎所有的程序都有输入与输出操作，如从键盘上读取数据，从本地或网络上的文件读取数据或写入数据等。通过输入和输出操作可以从外界接收信息，或者是把信息传递给外界。

I/O 设备的多样性及复杂性，给程序设计者访问这些设备带来了不便。为此，ANSI C（美国国家标准协会 ANSI 及国际标准化组织 ISO 推出的关于 C 语言的标准）的 I/O 系统即标准 I/O 系统，把任意输入的源端或任意输出的终端，都抽象转换成了概念上的“标准 I/O 设备”，或称“标准逻辑设备”。程序绕过具体设备，直接与该标准 I/O 设备进行交互，这样就为程序设计者提供了一个不依赖于任何具体 I/O 设备的统一操作接口。通常把抽象出来的标准 I/O 设备或标准文件称为“流”。

把任意 I/O 设备转换成逻辑意义上的标准 I/O 设备或标准文件的过程，并不需要程序设计者感知和处理，是由标准 I/O 系统自动转换完成的。因此，从这个意义上可以认为，任意输入的源端和任意输出的终端均对应一个流。

程序与数据的交互是以流的形式进行的。我们可以说，打开文件就是打开了一个数据流，而关闭文件就是关闭数据流。

流按数据形式分为文本流和二进制流。文本流是 ASCII 码字符序列，而二进制流是字节序列。

11.1.4 文件的打开与关闭

操作文件的正确流程：打开文件→读写文件→关闭文件。文件在进行读写操作之前要先打开，使用完毕要关闭。

所谓打开文件，就是获取文件的有关信息，如文件名、文件状态、当前读写位置等，这些信息会被保存到一个 FILE 类型的结构体变量中。关闭文件就是断开与文件之间的联系，释放结构体变量，同时禁止再对该文件进行操作。

文件的存取方式包括顺序存取和随机存取两种。

顺序存取也就是从上往下，依次存取文件。保存数据时，将数据附加在文件的末尾。这种存取方式常用于文本文件，而被存取的文件则称为顺序文件。

随机存取多半以二进制文件为主。它会以一个完整的单位来进行数据的读取和写入，通常以结构为单位。

在 C/C++中，文件有多种读写方式，可以一个字符一个字符地读写，也可以读写一整行，还可以读写若干个字节。文件的读写位置也非常灵活，可以从文件开头读写，也可以从中间位置读写。

11.1.5 C/C++中带缓冲区的文件处理

C/C++的文件处理功能依据系统是否设置缓冲区分为两种：一种是设置缓冲区，另一种是不设置缓冲区。由于不设置缓冲区的文件处理方式，必须使用较低级的 I/O 函数(包含在头文件 io. h 和 fcntl. h 中)来直接对磁盘存取，因此这种方式的存取速度慢，并且由于不是 C/C++的标准函数，跨平台操作时容易出问题。下面只介绍第一种处理方式，即设置缓冲区的文件处理方式。

当使用标准 I/O 函数(包含在头文件〈stdio. h〉中)时，系统会自动设置缓冲区，并通过数据流来读写文件。当进行文件读取时，不会直接对磁盘进行读取，而是先打开数据流，将磁盘上的文件信息复制到缓冲区内，然后程序再从缓冲区中读取所需数据，如图 11. 1 所示。

事实上，当写入文件时，并不会马上写入磁盘中，而是先写入缓冲区，只有在缓冲区已满或关闭文件时，才会将数据写入磁盘，如图 11. 2 所示。

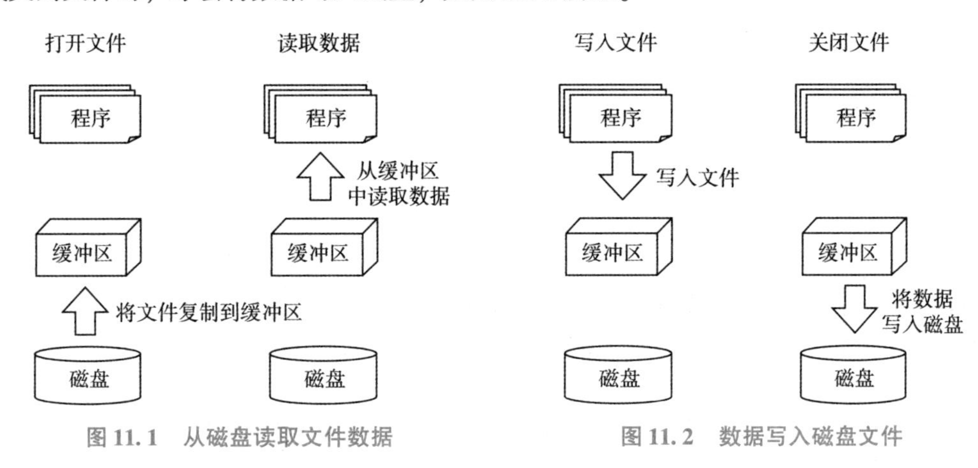

图 11. 1　从磁盘读取文件数据　　　　图 11. 2　数据写入磁盘文件

11. 2　文件的 3 种处理形式

正式竞赛时，数据都从扩展名为“. in”的文件读入，并且需要把结果输出到扩展名为“. out”的文件中；在在线测评器(Online Judge，OJ)中则不需要文件操作。具体情况要仔细查看题目说明。

C/C++提供了一批用于文件操作的标准函数，它们都包含于标准库 cstdio 或 fstream 中，文件操作的基本步骤如下。

(1)打开文件，将文件指针指向文件，决定打开文件的类型。

(2)对文件进行读写操作。

(3)在使用文件后，关闭文件。

对文件的操作有如下 3 种形式或 3 种版本。

(1)FILE 指针(C 语言)。

(2)重定向(C/C++)。

(3)输入/输出流(C++)。

11. 2. 1　FILE 指针

头文件:<cstdio>或<fstream> 。

方法:定义两个指针。

```
FILE *fin,*fout;
...
int main( )
{
    fin=fopen( "XXXXX. in","r");
    fout=fopen( "XXXXX. out","w");
    ...
    fclose( fin);
    fclose( fout);
    // 在某些情况下,忘记关闭文件会被认为没有产生文件
    return 0;
}
```

进行输入/输出操作时，要注意函数名的前面有“f”，即 fprintf、fscanf、fgets，并且这些函数的第一个参数不是格式字符串，而是 fin 或 fout，如 fscanf(fin,"%d"，ans)、fgets(str，strlen(str)，fin)、fprintf(fout,"%d"，ans)。

要想改成从屏幕上输入/输出，只需把含 fopen 和 fclose 的代码注释掉，并改成如下代码：

```
fin=stdin;
fout=stdout;
```

【例 11.1】FILE 指针的应用。

【程序设计】

```
/* e11-1. cpp */
#include<cstdio>
#include<fstream>
#include<cstring>
FILE *fin,*fout;
char str[100];
int ans;
int main( )
{
    fin=fopen( "a1. in","r");   //a1. in:hello everyone
    fout=fopen( "a2. out","w");
    //fscanf( fin,"% d",&ans);
    //fprintf( fout,"% d",ans);
    fgets( str,10,fin);
    fprintf( fout,"% s",str);
    fclose( fin);
    fclose( fout);  // 在某些情况下,忘记关闭文件会被认为没有产生文件
    return 0;
}
```

11.2.2　重定向

头文件：<cstdio>或<fstream>。

方法：只需在操作文件之前添加以下两行代码：

```
freopen("XXXXX.in","r",stdin);
freopen("XXXXX.out","w",stdout);
```

调用两次 freopen 后，scanf、printf、cin、cout 的用法完全不变，只是操作对象由屏幕变成了指定的文件。

使用重定向之后，“命令提示符”窗口将不再接受任何键盘输入，直到程序退出。

【例 11.2】重定向的应用。

【程序设计】

```
/* e11-2.cpp   文件输入/输出和屏幕输入/输出可交叉使用 */
#include<cstdio>
#include<fstream>
#include<iostream>
#include<cstring>
using namespace std;
char str[100];
int ans;
int main()
{
    freopen("a1.in","r",stdin);  //a1.in:hello everyone
    freopen("a2.out","w",stdout);
    //中间按原样写代码,什么都不用修改
    cin>>str;
    cout<<str;
    fclose(stdin);
    fclose(stdout);
    // 在某些情况下,忘记关闭文件会被认为没有产生文件
    return 0;
}
```

11.2.3　输入/输出流

头文件：<fstream>。

方法：定义输入文件和输出文件。

```
ifstream cin("XXXXX.in");
ofstream cout("XXXXX.out");
```

cin、cout 的输入/输出内容直接进入文件。

流的速度比较慢，在输入/输出大量数据的时候，要使用其他文件操作方法。

输入/输出流较为简捷，后续实例均使用输入/输出流处理。

11.3 文件应用程序设计

【例 11.3】分数管理(利用输入/输出流)。在文件 stu. in 中输入 n 个学生的数学分数(按学号次序，分制为 100 满分)，输出平均分、最高分和最低分到文件 stu. out 中。

样例输入：

10

66 32 45 78 90 87 90 66 58 99

样例输出：

71 99 32

【程序设计】

```
/* e11-3. cpp  文件输入/输出和屏幕输入/输出可交叉使用 */
#include<iostream>
#include<fstream>
using namespace std;
int a[100];
int main()
{
    int i,n,k,s=0,max=0,min=100;
    ifstream cin("stu. in");
    ofstream cout("stu. out");
    cin>>n;
    for(i=0;i<n;i++)
    {
        cin>>a[i];
        s=s+a[i];
        if(a[i]>max) max=a[i];
        if(a[i]<min) min=a[i];
    }
    cout<<s/n<<" "<<max<<" "<<min<<endl;
    return 0;
}
```

【例 11.4】排序(利用输入/输出流)。输入 n 个学生的语文成绩，按升序对学生成绩进行排序。

样例输入：
6
88 66 77 99 100 99
样例输出：
66 77 88 99 99 100
【程序设计】

```
/* e11-4. cpp */
#include<iostream>
#include<fstream>
using namespace std;
int a[100];
int main()
{
    int i,j,t,n;
    ifstream cin("stu. in");
    ofstream cout("stu. out");
    cin>>n;
    for(i=0;i<n;i++)
    cin>>a[i];
    for(j=0;j<n-1;j++)
        for(i=j;i<n-1;i++)
            if(a[j]>a[i+1])
            {
                t=a[j];a[j]=a[i+1];a[i+1]=t;
            }
    for(i=0;i<n;i++)
    cout<<a[i]<<" ";
    return 0;
}
```

【例11.5】利用文件进行输入/输出。输入 n 个学生的信息，放在文件 stu. in 中，要求利用结构体数组，按姓名关键字(从小到大)排序，并把全部学生的信息输出到文件 stu. otu 中。

stu. in 文件内容：
6
101 zhang 88
102 liu 66
103 huang 77
104 dong 99
105 feng 100
106 yang 99

【程序设计】

```
/* e11-5. cpp   输入 n 个学生的信息,按姓名排序 */
#include<iostream>
#include<fstream>
using namespace std;
struct stu
{
    int num;
    char name[10];
    float score;
};
stu s[100];
int main()
{
    int n;
    stu t;
    ifstream cin("stu. in");
    ofstream cout("stu. out");   //与输入格式比较
    cin>>n;
    cout<<"num"<<"name"<<"score"<<endl;
    for(int i=0;i<n;i++)
        cin>>s[i]. num>>s[i]. name>>s[i]. score;
    for(int i=0;i<n-1;i++)
        for(int j=i;j<n-1;j++)
        {
            if(strcmp(s[i]. name,s[j+1]. name)>0)
            {
                t=s[i];s[i]=s[j+1];s[j+1]=t;
            }
        }
    for(int i=0;i<n;i++)
        cout<<s[i]. num<<' '<<s[i]. name<<' '<<s[i]. score<<endl;
    return 0;
}
```

【例 11. 6】利用文件进行输入/输出。输入 n 个学生的信息，放在文件 stu. in 中，要求利用结构体数组，按分数关键字(从小到大)排序，并把全部学生的信息输出到文件 stu. out 中。

stu. in 文件内容：

6

101 zhang 88

102 liu 66

103 huang 77

104 dong 99
105 feng 100
106 yang 98

【程序设计】

```
/* e11-6. cpp */
#include<iostream>  //输入 n 个学生的信息,按分数排序
#include<fstream>
using namespace std;
struct stu
{
      int num;
      char name[10];
      float score;
};
stu s[100];
int main()
{
      stu t;
      int n;
      ifstream cin("stu. in");
      ofstream cout("stu. out");
      cin>>n;
      cout<<"num"<<"name"<<"score"<<endl;
      for(int i=0;i<n;i++)
                cin>>s[i]. num>>s[i]. name>>s[i]. score;
      for(int i=0;i<n-1;i++)
           for(int j=i;j<n-1;j++)
           {
                if(s[i]. score>s[j+1]. score)
                {
                     t=s[i];s[i]=s[j+1];s[j+1]=t;
                }
           }
      stu*p;
      for(p=s;p<s+n;p++)
           cout<<(*p). num<<' '<<p->name<<' '<<p->score<<endl;
      return 0;
}
```

课外设计作业

利用文件，设计一个简单的学生管理信息系统，要求系统功能基本保持完善，运行较为正确。设计要求(实现功能)如下。

(1)实现操作界面，通过一个简单的菜单选择相应的操作。

(2)录入或添加学生基本信息，学号不能重复。

(3)删除学生信息。

(4)修改学生信息，指定学号，修改信息。

(5)查找指定学生，可根据学号查找，也可根据姓名查找。

(6)对学生信息，根据成绩排序并输出。

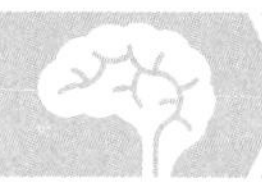

第 12 章　编译预处理与源程序在线测评系统

12.1　编译预处理

编译预处理是 C/C++区别于其他高级语言的特征之一，它属于 C/C++编译系统的一部分，以#开头。它在 C/C++编译系统对源程序进行编译之前，先对程序中的一些命令进行预处理。

编译预处理命令的 3 种不同形式：宏定义、文件包含、条件编译。

12.1.1　宏定义

宏定义是用预处理命令#define 实现的，分为带参数的宏定义与不带参数的宏定义两种形式。

带参数的宏定义，例如：#define AREA(r)　(PI * (r) * (r))。

不带参数的宏定义，例如：#define PI 3.1415926。

PI 是宏名，字符串 3.1415926 是替换正文。预处理程序将程序中凡以 PI 作为标识符出现的地方都用 3.1415926 替换，这种替换称为宏替换，或者宏扩展。这种替换的优点在于，用一个有意义的标识符代替一个字符串，便于记忆，易于修改，提高了程序的可移植性。

定义：#define YES 1

撤消：#undef YES。

【例 12.1】分析程序，观察宏定义的应用。

【程序设计】

```
/* e12-1.cpp */
#include<cstdio>
#define PI 3.1415926      //不带参数
#define CIRCUM(r)  (2.0*PI*(r))      //带参数
#define AREA(r)  (PI*(r)*(r))
```

```
int main()
{
    double radius,circum,area;
    scanf("%lf",&radius);
    circum=CIRCUM(radius);
    area=AREA(radius);
    printf("CIRCUM=%15.8lf,AREA=%15.8lf",circum,area);
    return 0;      //注意 lf 的使用
}
```

【例 12.2】分析程序，观察宏定义的应用。

【程序设计】

```
/* e12-2.cpp */
#include<iostream>
#define EXPR1   x*x+x+1
#define EXPR2   (x*x+x+1)
using namespace std;
int main()
{
    float result,x;
    cin>>x;
    result=EXPR1+x*EXPR1;
        cout<<result<<endl;
    result=EXPR2+x*EXPR2;
        cout<<result<<endl;
    return 0;
}
```

12.1.2 文件包含

预处理程序中的文件包含是指一个源文件可以将另外一个源文件的全部内容包含进来，即将另外的文件包含到本文件之中。文件包含的命令格式有如下两种。

格式 1：#include<filename>

格式 2：#include"filename"

< >是通知预处理程序，按系统规定的标准方式检索文件目录。例如，使用系统的 PATH 命令定义了路径，编译程序按此路径查找文件名，一旦找到与该文件名相同的文件，便停止搜索。如果路径中没有定义该文件所在的目录，即使文件存在，系统也将给出文件不存在的信息，并停止编译。

" "是通知预处理程序，首先在原来的源文件目录中检索指定的文件；如果查找不到，

则按系统指定的标准方式继续查找。

文件包含也是一种模块化程序设计的手段。在程序设计中，可以把一些具有公用性的变量、函数的定义或说明以及宏定义等连接在一起，单独构成一个文件。使用时用 #include 命令把它们包含在所需的程序中。这样为程序的可移植性、可修改性提供了良好的条件。例如，在开发一个应用系统中若定义了许多宏，则可以把它们收集到一个单独的头文件中，如〈user. h〉头文件包含以下语句。

```
#define BUFSIZE 128
#define FALSE 0
#define NO 0
#define YES 1
#define TRUE 1
#define NULL '\0'
```

当某程序中需要用到上面这些宏定义时，可以在源程序文件中写入如下文件包含命令。

```
#include"user. h"
```

【例 12. 3】文件包含的应用。假设有 3 个源文件 test1. cpp、test2. cpp 和 test3. cpp，利用编译预处理命令实现多文件的编译和连接。

【算法分析】

在源文件 test1. cpp 的头部加入如下命令。

```
#include"test2. cpp"
#include"test3. cpp"
```

在编译前就把文件 test2. cpp 和 test3. cpp 的内容包含进来。

【程序设计 1】

```
//test1. cpp   源文件 test1. cpp */
#include<iostream>
#include"test2. cpp"
#include"test3. cpp"
using namespace std;
int main( )
{
    int a,b,c,s,m;
    cin>>a>>b>>c;
    s=sum( a,b,c);
    m=mul( a,b,c);
    cout<<s<<" "<<m<<endl;
    return 0;
}
```

【程序设计 2 】

```
/* 源文件   test2. cpp */
int sum( int p1,int p2,int p3)
```

```
{
    return(p1+p2+p3);
}
```

【程序设计 3 】

```
/* 源文件   test3. cpp */
int mul(int p1,int p2,int p3)
{
    return(p1*p2*p3);
}
```

【例 12. 4】利用文件包含，判断素数。

【算法分析】

```
/* prime. h   头文件 */
#include<cmath>
int judge_prime(int num)
{
    int flag=1;
    for(int i=2;i<sqrt(num);i++)
    if(num%i==0)
    {
        flag=0;
        break;
    }
    return flag;
}
```

【程序设计】

```
/* e12-4. cpp */
#include<iostream>
#include<prime. h>
using namespace std;
int main()
{
    for(int i=1;i<=100;i++)
    if(judge_prime(i))
        cout<<i;
    return 0;
}
```

12.1.3 条件编译

使用条件编译命令，可以根据不同的编译条件来决定对源文件中的哪一段进行编译，使同一个源程序在不同的编译条件下产生不同的目标代码文件。条件编译命令有以下两种常用形式。

1. # if 形式

if 形式一般格式如下：

```
#if<表达式>
    <程序段 1>
[#else
    <程序段 2>]
#endif
```

当预处理程序扫描到 #if 时，通过测试表达式的值是否为真(非零)来选择对程序段 1 还是程序段 2 进行编译。如果#else 部分被省略，则在表达式的值为假时就没有语句被编译。

【例 12.5】条件编译的应用。

【程序设计】

```
/* e12-5. cpp */
#include<iostream>
using namespace std;
#define LEN 50
int main( )
{
    #if LEN>99
        cout<<"Complied this part if LEN>99"<<endl;
    #elif LEN>49
        cout<<"Complied this part if 49<LEN<99”<<endl;
    #else
        cout<<"Complied this part if LEN<50”<<endl;
    #endif
    return 0;
}
```

2. #ifdef 形式 或 #ifndef 形式

#ifdef 形式 或 #ifndef 形式一般格式如下：

```
#ifdef（或#ifndef）    <标识符>
    <程序段 1>
[#else
    <程序段 2>]
#endif
```

当预处理程序扫描到#ifdef 或#ifndef 时，判别其后面的标识符是否被定义过(一般用#define 命令定义)，从而选择对哪个程序段进行编译。对#ifdef 形式而言，若标识符在编译命令行中已被定义，则条件为真，编译程序段 1；否则，条件为假，编译程序段 2。而#ifndef 的检测条件与#ifdef 恰好相反，若标识符在编译命令行中没有被定义，则条件为真，编译程序段 1；否则，条件为假，编译程序段 2。#else 部分可以省略，若被省略，且标识符在编译命令行中没有被定义(针对#ifdef 形式)，则没有语句被编译。例如：

```
#ifdef IBM_PC
    #define INTEGER_SIZE16
#else
    #define INTEGER_SIZE32
#endif
```

若 IBM_PC 在前面已被定义过，如#define IBM_PC0，则只编译命令行#define INTEGER_SIZE16；否则，只编译命令行#define INTEGER_SIZE32。

这样，源程序可以不作任何修改就可以用于不同类型的计算机系统。

【例 12. 6】条件编译的应用。

【程序设计】

```
/* e12-6. cpp */
#include<iostream>
using namespace std;
#define DEBUG
#define RUN
int main( )
{
    int x,y;
    cin>>x>>y;
    #ifdef DEBUG
        cout<<x<<y<<endl;
    #endif
    #ifndef RUN
        cout<<x+y<<endl;
    #endif
    return 0;
}
```

12.2　源程序在线测评系统

12.2.1　源程序在线测评系统简介

在程序设计竞赛中，在线测评系统是开展竞赛的核心，它是一个在线的程序与算法设计练习和竞赛平台。源程序在线测评系统上有大量试题，只需在该系统上免费注册一个账号即可做题。

系统可以提供大量的关于程序和算法设计的题目供学生练习或竞赛，学生可以使用自己熟悉的语言提交相关题目的程序代码，系统编译提交的代码，如果没有错误，则生成可执行文件。利用系统的测试用例来测试，如果输出结果正确，则返回程序消耗的内存空间和时间。对于竞赛题目，系统可以从程序正确性、运行总时间、消耗内存空间、返回结果等方面来考察学生提交的代码。系统可以实现在指定的时间段举行竞赛的功能，根据学生解题数目和时间进行排名，也可以批量导出学生代码，进行分析。

在线测评系统在得到参赛者的答案后会根据系统答案给出相应的评定，以下是对于一个常见评定的简单说法。

Queuing. --程序正在等待队列中，等待编译和执行。

Accepted. --通过。

Wrong Anwser. --答案错误。

Runtime Error. --运行时错误。一般有：数组越界、除零、空指针、堆栈溢出。

Time Limit Exceeded. --时间超出。

Presentation Error. --格式错误。

Memory Limit Exceeded. --内存超出。

CompileError. --编译错误。

12.2.2　国内外主要的在线测评系统网站

(1)国内主要的在线测评系统网站如下。

北京大学:poj. org。

浙江大学:acm. zju. edu. cn。

杭州电子科技大学:acm. hdu. edu. cn 。

浙江工业大学:acm. zjut. edu. cn。

同济大学:acm. tongji. edu. cn。

中国科学技术大学:acm. ustc. edu. cn/ustcoj。

哈尔滨工业大学:acm. hit. edu. cn。

天津大学:acm. tju. edu. cn。

汕头大学：acm. stu. edu. cn。
福州大学：acm. fzu. edu. cn。
厦门大学：acm. hdu. xmu. cn/JudgeOnline。
福建师范大学：acm. fjnu. edu. cn。
华中科技大学：acm. hust. edu. cn/JudgeOnline。
华东师范大学：acm. cs. ecnu. edu. cn。
(2)国外主要的在线测评系统网站如下。
俄罗斯乌拉尔大学：acm. timus. ru。
USACO：train. usaco. org/usacogate。
ICPC：acm. baylor. edu/welcome. icpc。

12.2.3 RealOJ 源程序在线测评系统实例

现以北京大学 RealOJ 源程序在线测评系统为例，讲述一个算法源程序测评实例。

登录北京大学 RealOJ 源程序在线测评系统网站(poj. org)，其主界面包含 OnLine Judge(在线判断)、Problem Set(问题集)、Authors(作者)、Online Contests(在线竞赛)、User(用户)等栏目。首先在 User(用户)栏目中注册一个 User(用户)，包括 User ID(用户标识)和 Password(密码)。然后在 Problem Set(问题集)中单击 Problem(问题)，屏幕显示自 ID1000 开始的样题。

1. 竞赛样题

```
Description
Calculate a+b
Input
Two integer a,b (0<=a,b<=10)
Output
Output a+b
Sample Input
1 2
Sample Output
3
```

2. 提交代码

在 Problem Set(问题集)中单击 Submit Problem(提交问题)，显示 Problem ID(问题标识选择)、Language(高级语言选择)、Source(源代码编辑输入)等，针对本题，分别输入 1 000(十进制数)、C++及下面的 C++源程序。

```
include<iostream>
using namespace std;
int main()
{
    int a,b;
    cin >> a >> b;
```

```
        cout << a+b << endl;
        return 0;
    }
```

【注意】

最后一行必须换行。

本程序如果有问题，则可在编辑区修改；否则，可单击 Submit 提交。

等待 1 ~2 s 会弹出状态页，状态页上显示了刚才提交的源程序的处理状态，如果是 Accepted，则表明这道题做对了。

课外设计作业

利用北京大学 RealOJ 源程序在线测评系统网站或其他国内外主要的在线测评系统网站，选题、设计算法、编程，并提交测评。

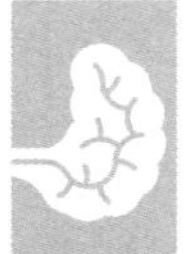

附录一　ASCII 码一览表

ASCII表

（American Standard Code for Information Interchange美国标准信息交换代码）

高4位 / 低4位		ASCII控制字符												ASCII打印字符												
		0000						0001						0010		0011		0100		0101		0100		0111		
		0						1						2		3		4		5		6		7		
		十进制	字符	Ctrl	代码	转义字符	字符解释	十进制	字符	Ctrl	代码	转义字符	字符解释	十进制	字符	十进制	字符	十进制	字符	十进制	字符	十进制	字符	十进制	字符	Ctrl
0000	0	0		^@	NUL	\0	空字符	16	►	^P	DLE		数据链路转义	32		48	0	64	@	80	P	96	`	112	p	
0001	1	1	☺	^A	SOH		标题开始	17	◄	^Q	DC1		设备控制1	33	!	49	1	65	A	81	Q	97	a	113	q	
0010	2	2	☻	^B	STX		正文开始	18	↕	^R	DC2		设备控制2	34	"	50	2	66	B	82	R	98	b	114	r	
0011	3	3	♥	^C	ETX		正文结束	19	!!	^S	DC3		设备控制3	35	#	51	3	67	C	83	S	99	c	115	s	
0100	4	4	♦	^D	EOT		传输结束	20	¶	^T	DC4		设备控制4	36	$	52	4	68	D	84	T	100	d	116	t	
0101	5	5	♣	^E	ENQ		查询	21	§	^U	NAK		否定应答	37	%	53	5	69	E	85	U	101	e	117	u	
0110	6	6	♠	^F	ACK		肯定应答	22	▬	^V	SYN		同步空闲	38	&	54	6	70	F	86	V	102	f	118	v	
0111	7	7	●	^G	BEL	\a	响铃	23	↨	^W	ETB		传输块结束	39	'	55	7	71	G	87	W	103	g	119	w	
1000	8	8	◘	^H	BS	\b	退格	24	↑	^X	CAN		取消	40	(	56	8	72	H	88	X	104	h	120	x	
1001	9	9	○	^I	HT	\t	横向制表	25	↓	^Y	EM		介质结束	41	)	57	9	73	I	89	Y	105	i	121	y	
1010	A	10	◙	^J	LF	\n	换行	26	→	^Z	SUB		替代	42	*	58	:	74	J	90	Z	106	j	122	z	
1011	B	11	♂	^K	VT	\v	纵向制表	27	←	^[	ESC	\e	溢出	43	+	59	;	75	K	91	[	107	k	123	{	
1100	C	12	♀	^L	FF	\f	换页	28	∟	^\	FS		文件分隔符	44	,	60	<	76	L	92	\	108	l	124	|	
1101	D	13	♪	^M	CR	\r	回车	29	↔	^]	GS		组分隔符	45	-	61	=	77	M	93	]	109	m	125	}	
1110	E	14	♫	^N	SO		移出	30	▲	^^	RS		记录分隔符	46	.	62	>	78	N	94	^	110	n	126	~	
1111	F	15	☼	^O	SI		移入	31	▼	^-	US		单元分隔符	47	/	63	?	79	O	95	_	111	o	127	⌂	

注：表中的ASCII字符可以用“Alt+小键盘上的数字键”方法输入。

附录二　C/C++部分关键字用途及其中文释义

关键字	用途	说明
asm	程序语句	在 C++源码中内嵌汇编语言
auto	存储种类说明	用以说明局部变量，默认值为 auto
bool	数据类型说明	声明一个布尔型变量
break	程序语句	退出最内层循环
case	程序语句	switch 语句中的选择项
catch	程序语句	处理 throw 产生的异常
char	数据类型说明	单字节整型数或字符型数据
class	数据类型说明	声明一个类
const	存储类型说明	在程序执行过程中不可更改的常量值
const_cast	程序语句	去除指针或引用中的 const 属性
continue	程序语句	转向下一次循环
default	程序语句	switch 语句中的失败选择项
delete	程序语句	释放内存
do	程序语句	构成 do-while 循环结构
double	数据类型说明	双精度浮点数
dynamic_cast	程序语句	动态投射
else	程序语句	构成 if-else 选择结构
enum	数据类型说明	枚举
explicit	程序语句	仅用在构造函数的正确匹配
extern	存储种类说明	在其他程序模块中说明了的全局变量
false	布尔型	属于基本类型中的整型，取值为假(0)
flost	数据类型说明	单精度浮点数
for	程序语句	构成 for 循环结构
friend	函数类型说明	允许非函数成员使用私有数据
goto	程序语句	构成 goto 转移结构

续表

关键字	用途	说明
if	程序语句	构成 if-else 选择结构
inline	函数类型说明	定义一个函数为内联
int	数据类型说明	基本整型数
long	数据类型说明	长整型数
mutable	存储类型说明	忽略 const 变量
namespace	程序语句	用一个定义的范围划分命名空间
new	程序语句	允许动态存储一个新变量
operator	程序语句	创建重载函数
private	程序语句	在一个类中声明私有成员
protected	程序语句	在一个类中声明被保护成员
public	程序语句	在一个类中声明公共成员
register	存储种类说明	使用 CPU 内部寄存的变量
reinterpret_cast	程序语句	改变一个变量的类型
return	程序语句	函数返回
short	数据类型说明	短整型数
signed	数据类型说明	有符号数，二进制数据的最高位为符号位
sizeof	运算符	计算表达式或数据类型的字节数
static	存储种类说明	静态变量
static_cast	程序语句	执行一个非多态性 cast
struct	数据类型说明	结构类型数据
swicth	程序语句	构成 switch 选择结构
template	程序语句	创建一个特殊函数
this	程序语句	指向当前对象
throw	程序语句	抛出一个异常
true	布尔型	属于基本类型中的整型，取值为真(1)
try	程序语句	执行一个被 throw 抛出的异常
typedef	数据类型说明	重新进行数据类型定义
typeid	程序语句	描述一个对象
typename	程序语句	声明一个类或未定义的类型
union	数据类型说明	联合类型数据
unsigned	数据类型说明	无符号数数据
using	程序语句	用来输入一个 namespace

续表

关键字	用途	说明
virtual	程序语句	创建一个不被已构成类有限考虑的函数
void	数据类型说明	无类型数据
volatile	数据类型说明	该变量在程序执行中可被隐含地改变
wchar_t	数据类型说明	声明一个带有宽度的字符型变量
while	程序语句	构成 while 和 do-while 循环结构

附录三　ANSI C 标准关键字及其中文释义

关键字	用途	说明
bit	位标量声明	声明一个位标量或位类型的函数
sbit	位标量声明	声明一个可位寻址变量
sfr	特殊功能寄存器声明	声明一个特殊功能寄存器
sfr16	特殊功能寄存器声明	声明一个 16 位的特殊功能寄存器
data	存储器类型说明	直接寻址的内部数据存储器
bdata	存储器类型说明	可位寻址的内部数据存储器
idata	存储器类型说明	间接寻址的内部数据存储器
pdata	存储器类型说明	分页寻址的外部数据存储器
xdata	存储器类型说明	外部数据存储器
code	存储器类型说明	程序存储器
interrupt	中断函数说明	定义一个中断函数
reentrant	再入函数说明	定义一个再入函数
using	寄存器组定义	定义芯片的工作寄存器

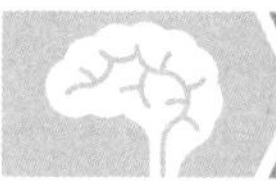

参 考 文 献

[1]赵端阳，左伍衡. 算法分析与设计以大学生程序设计竞赛为例[M]. 北京：清华大学出版社，2012.

[2]吴文虎，徐明星，邬晓钧. 程序设计基础[M]. 4版. 北京：清华大学出版社，2017.

[3]张义兵. 算法与程序设计[M]. 北京：教育科学出版社，2015.

[4]谭浩强. C语言程序设计[M]. 4版. 北京：清华大学出版社，2010.

[5]郑莉，董渊，张瑞丰. C++语言程序设计[M]. 3版. 北京：清华大学出版社，2003.

[6]刘汝佳. 算法竞赛入门经典[M]. 2版. 北京：清华大学出版社，2009.

[7]刘汝佳，陈锋. 算法竞赛入门经典训练指南[M]. 北京：清华大学出版社，2012.

[8]Steven S. Skiena，Miguel A. Revilla. 挑战编程程序设计竞赛训练手册[M]. 刘汝佳，译. 北京：清华大学出版社，2009.

[9]周元哲，刘伟，邓万宇. 程序基本算法教程[M]. 北京：清华大学出版社，2016.

[10]俞经善，王宇华，于金峰，等. ACM程序设计竞赛基础教程[M]. 北京：清华大学出版社，2010.

[11]余立功. ACM/ICPC算法训练教程[M]. 北京：清华大学出版社，2013.

[12]秋叶拓哉，岩田阳一，北川宜捻. 挑战程序设计竞赛[M]. 巫泽俊，庄俊元，李津羽，译. 北京：人民邮电出版社，2013.

[13] 刘宏，邱建雄，谢中科. C++程序设计教程[M]. 武汉：武汉大学出版社，2005.

[14] 廖小飞，李敏杰，许武军，等. C语言程序设计与实践[M]. 北京：电子工业出版社，2015.

参考文献